Claudia Bittencourt
Maria Aparecida Silva de Paula

Tratamento de Água e Efluentes

Fundamentos de Saneamento Ambiental e Gestão de Recursos Hídricos

1ª Edição

érica

SOMOS EDUCAÇÃO | Editora Saraiva

Av. das Nações Unidas, 7221, 1º Andar, Setor B
Pinheiros – São Paulo – SP – CEP: 05425-902

SAC 0800-0117875
De 2ª a 6ª, das 8h às 18h
www.editorasaraiva.com.br/contato

Diretora executiva	Flávia Alves Bravin
Diretora editorial	Renata Pascual Müller
Gerente editorial	Rita de Cássia S. Puoço
Editora de aquisições	Rosana Ap. Alves dos Santos
Editoras	Paula Hercy Cardoso Craveiro
	Silvia Campos Ferreira
Assistente editorial	Rafael Henrique Lima Fulanetti
Produtores editoriais	Camilla Felix Cianelli Chaves
	Laudemir Marinho dos Santos
Assistente de produção	Katia Regina Pereira
Serviços editoriais	Juliana Bojczuk Fermino
	Kelli Priscila Pinto
	Marília Cordeiro
Revisão	Lívia Andersen
Diagramação	Join Bureau
Capa	Maurício S. de França
Impressão e acabamento	

DADOS INTERNACIONAIS DE CATALOGAÇÃO NA PUBLICAÇÃO (CIP)
(CÂMARA BRASILEIRA DO LIVRO, SP, BRASIL)

Bittencourt, Claudia
Tratamento de água e efluentes: fundamentos de saneamento ambiental e gestão de recursos hídricos / Claudia Bittencourt, Maria Aparecida Silva de Paula. – 1. ed. – São Paulo : Érica, 2014.

Bibliografia
ISBN: 978-85-365-0916-7

1. Água – Purificação 2. Água – Estações de tratamento – Equipamento e acessórios 3. Águas residuais – Purificação 4. Água – Controle de qualidade 5. Gestão ambiental 6. Recursos hídricos I. Título.

14-07940 CDD-628.162

Índices para catálogo sistemático:
1. Água: Tratamento: Tecnologia: Engenharia sanitária 628.162

1ª edição
8ª tiragem: 2018

CO 12204 CL 640675 CAE 584912

Agradecimentos

Agradeço ao meu filho amado, Arthur Uchenna Bittencourt Okeke, pelo carinho, pela paciência e pelo grande estímulo ao desenvolvimento deste trabalho.

Agradeço aos meus pais, Jurandyr e Giselda, e aos meus irmãos, Lucas e Renata, que conferem uma nova dimensão ao termo "família".

Claudia Bittencourt

Agradeço ao meu filho, meus pais, meus irmãos, minhas sobrinhas e amigos pelo incentivo, pelo carinho e pela paciência que tiveram comigo durante a elaboração deste livro.

Maria Aparecida Silva de Paula

Sobre as autoras

Claudia Bittencourt é aluna do programa de doutoramento do Instituto de Pesquisas Nucleares e Energéticas (IPEN) da Universidade de São Paulo (USP). É especialista em Engenharia de Controle da Poluição Ambiental pela Faculdade de Saúde Pública da USP (1997) e formada em Engenharia Química pelas Faculdades Oswaldo Cruz (1992). Participou do Programa de Treinamento Profissional em Tratamento de Esgotos promovido pelo Ministério de Cooperação Econômica e Desenvolvimento do governo alemão (*Bundesministerium für Wirtschaftliche Zusammenarbeit und Entwicklung*) pela Carl Duisberg Gesellschaft - CDG (atual Inwent) como profissional representante da América Latina (2001).

É colaboradora da Companhia de Saneamento Básico do Estado de São Paulo (Sabesp) desde 1990 e ministra aulas na graduação, extensão universitária e pós-graduação das Faculdades Metropolitanas Unidas (FMU), tanto no curso MBA em Engenharia Ambiental e Sustentabilidade, como no Curso de Extensão Universitária de Prevenção de Riscos Ambientais e Engenharias. Elaborou conteúdo para os cursos de ensino a distância de Gestão Pública, na FMU e no Centro Universitário de Brasília, sobre o tema Gestão Pública e Sustentabilidade.

Realiza capacitações e apoio ao desenvolvimento de projetos de educação ambiental e do terceiro setor associados a saneamento, segurança alimentar (qualidade da água), gestão de projetos e cidadania. Exemplos dessa forma de atuação são as colaborações oferecidas à Catalisa e à Olus 21.

Maria Aparecida Silva de Paula é aluna do programa de mestrado da School of International Business and Entrepreneurship (SIBE) - Steinbeis University MBA - Administração Internacional de Negócios Instituto Mauá de Tecnologia (IMT). É pós-graduada em Gestão Ambiental na Faculdade de Saúde Pública pela Faculdade de Saúde Pública da USP (2002) e formada em Engenharia Química pelas Faculdades Oswaldo Cruz (1993).

É colaboradora da Companhia de Saneamento Básico do Estado de São Paulo (Sabesp) desde 1997 e atua na Coordenação da Qualidade da Diretoria, implementando e mantendo Sistema Integrado de Qualidade em quatro referenciais normativos. Ministra aulas na extensão universitária e na pós-graduação das FMU, nos cursos de MBA em Certificação e Auditorias de Sistemas de Gestão Ambiental e Modelo de Gestão: Liderança, Qualidade e Produtividade.

Na AESabesp, é diretora de Projetos Socioambientais, membro da Comissão de Encontro Técnico e gestora do Projeto Ecoeventus AESabesp. Coordena ainda o Prêmio Jovem Profissional AESabesp no 25º Encontro Técnico AESabesp e o Prêmio AESabesp para os expositores da Feira Nacional de Saneamento e Meio Ambiente (FENASAN).

Sumário

Apresentação

A presente publicação tem o objetivo de apresentar, de maneira didática e aplicável, os fundamentos associados ao tema saneamento ambiental, sob a perspectiva estabelecida pela Lei do Saneamento (Lei Federal nº 11.445/07) e da estruturação do Sistema Integrado de Gerenciamento de Recursos Hídricos brasileiro.

Entre os serviços de saneamento definidos na legislação, serão tratados de forma direta: o saneamento ambiental, a utilização dos recursos hídricos – incluindo seus múltiplos usos, conflitos e cobrança pela sua utilização –, a qualidade da água para fins de abastecimentos e lançamentos em corpos d´água ou rede pública de esgotos e as doenças provocadas pela falta de saneamento adequado. Ao final da obra o aluno terá uma visão ampla do Sistema Integrado de Gerenciamento de Recursos Hídricos e do seu papel na sociedade na busca de melhor qualidade de vida e da sua contribuição para melhorar as condições do planeta.

Serão também abordados, de maneira simplificada, o conceito de poluição, a gestão de recursos hídricos, os aspectos gerais sobre tratamento de água e tratamento de esgotos domésticos e o reúso de água, bem como a coleta de esgotos e a distribuição de água.

Os capítulos foram autorados da seguinte maneira: os Capítulos 1 a 7 foram escritos por Maria Aparecida Silva de Paula, os Capítulos 8 a 14, por sua vez, foram escritos por Claudia Bittencourt.

No Capítulo 1 – Saneamento Ambiental, são definidos os conceitos básicos de saneamento ambiental com foco na utilização dos recursos hídricos disponíveis do Brasil e seus principais conflitos com relação aos diversos usos.

No Capítulo 2 – Recursos Hídricos, o objeto é a distribuição espacial da água no planeta Terra, sua distribuição no Brasil e mundo, a prática da Política Nacional dos Recursos Hídricos (Lei 9.43397), utilizando o conceito de bacia hidrográfica.

O Capítulo 3 – Usos Múltiplos dos Recursos Hídricos tem como objetivo apresentar a relação entre a demanda da água e suas limitações para atendimento a usos da bacia, tais como abastecimento d'água, irrigação, indústria, energia, recreação, entre outros.

No Capítulo 4 – Qualidade das Águas, são abordados a definição dos padrões de qualidade da água, os indicadores de qualidade e os principais impactos ambientais provocados pela ação humana.

No Capítulo 5 – Enquadramento no Corpo d'Água, Requisitos e Padrões de Qualidade da Água, serão apresentados os critérios para classificar a água para seus usos (abastecimento, irrigação, agricultura, entre outros), de acordo com as classes que estiverem enquadradas no trecho do rio em estudo. Também serão apresentados os motivos da falta de padronização do corpo d'água e, consequentemente, poucos dados disponíveis para avaliar as bacias hidrográficas quanto à sua quantidade e qualidade.

No Capítulo 6 – Condições e Padrões de Efluentes para Lançamento, são abordados as condições e os padrões de lançamento para efluentes, classificando-os para cada corpo d'água de acordo com as diretrizes ambientais definidas por meio dos usos preponderantes.

O Capítulo 7 – Doenças de Veiculação Hídrica trata da relação entre os usos múltiplos da água e os serviços de saneamento, a alteração da qualidade da água provocada pela interferência do homem como desmatamento, o aumento da densidade demográfica, a dificuldade de acesso aos serviços de saneamento, a falta de manejo e os usos dos recursos hídricos, principais causadores de doenças de veiculação hídrica.

No Capítulo 8 – Poluição e Contaminação do Solo e da Água será abordado o conceito de poluição ambiental com ênfase nas necessidades operacionais das unidades de tratamento. Para atingirmos este objetivo será delineada uma visão de processos ambientais bem como de impactos ambientais. Os ciclos biogeoquímicos mais relevantes nesses processos serão apresentados. Ao final do capítulo, o aluno compreenderá o que são processos ambientais, impactos ambientais e poluição.

No Capítulo 9 – As Águas que Vamos Tratar compreenderemos a água não apenas como uma substância química, mas também como um recurso hídrico. Para subsidiar esse entendimento, adotaremos, além da perspectiva histórica de aproveitamento de recursos hídricos, uma visão operacional da composição da água e das características necessárias à configuração de um sistema de tratamento.

O Capítulo 10 – Sistemas de Tratamento de Água abordará as configurações gerais de sistemas de tratamento de água do tipo convencional e algumas formas de tratamento avançado.

O Capítulo 11 – Sistemas de Tratamento de Esgotos Domésticos apresentará as formas convencionais de tratamento físico e biológico de esgotos, bem como algumas alternativas associadas ao porte da comunidade atendida.

No Capítulo 12 – Sistemas de Coleta e Transporte de Esgotos, observaremos as diversas fases que antecedem o tratamento do esgoto.

No Capítulo 13 – Sistemas de Adução, Reservação e Distribuição de Água serão tratados o planejamento populacional para o abastecimento e as unidades operacionais necessárias ao transporte das águas tratadas para viabilização do consumo.

O Capítulo 14 – Reúso abordará a questão da escassez, considerando a própria formação do planeta e as perspectiva de disponibilização da água.

Esperamos que a obra contribua para seu aperfeiçoamento profissional na área de tratamento de águas.

As autoras

1

Saneamento Ambiental

Para começar

Este capítulo tem como objetivo definir os conceitos básicos de saneamento ambiental com base na utilização dos recursos hídricos disponíveis no Brasil, bem como abordar seus principais conflitos em relação aos seus diversos usos.

Também iremos tratar do saneamento por meio de uma visão geral das principais ações praticadas no Brasil para garantir a qualidade de seus recursos hídricos, além das ações de saneamento ambiental e dos índices de cobertura de saneamento básico, com o objetivo de possibilitar ao leitor a identificação das diversas formas de degradação e poluição dos recursos hídricos, a evolução de políticas do saneamento para assegurar a qualidade dos cursos de água, de vida da população e a harmonia do planeta.

1.1 Conceito de saneamento ambiental

Para entendermos melhor o que é saneamento ambiental, é necessário recapitularmos algumas informações.

Você se lembra de como se iniciou a civilização na Terra? Os homens se instalaram próximos aos cursos d'água ou rios para poderem matar sua sede, desenvolver a agricultura e criar animais para sua subsistência.

Naquela época, não se pensava em lixo ou em resíduos sólidos, na qualidade da água ou em doenças causadas por veiculação hídrica.

A população aumentou gradativamente e, com isso, houve um aumento na utilização dos recursos naturais, além de uma mudança de comportamento em relação à utilização desses recursos, uma vez que eles eram utilizados para a subsistência do homem e passaram a ser usados para a obtenção de lucros a partir da sua exploração.

A partir da Revolução Industrial, iniciada no século XVIII, houve uma ruptura no comportamento humano para o surgimento do Capitalismo e passou-se do sistema manufatureiro para um novo sistema que visava o acúmulo de riquezas. A população foi estimulada a comprar sem restrição ou necessidade. Neste período, inseriram-se novas tecnologias que substituíram as atividades manuais por máquinas e equipamentos. Com todas essas mudanças, novos valores e novas necessidades foram inseridos na sociedade, tais como: o conforto, a utilização de carros, o uso de teares para a produção de tecidos, entre outros.

A busca por melhores condições de vida fez com que a população migrasse da área rural para a urbana, caracterizando, assim, o êxodo rural. O crescimento da população de maneira desordenada fez com que o governo iniciasse a estruturação do saneamento como forma de combater a proliferação de doenças, fossem elas parasitárias, infecciosas etc.

No início do século XX, até a década de 1930, houve o incremento do sistema de abastecimento de água e o desenvolvimento de tecnologias para tratamento de esgotos.

Nas décadas de 1930 e 1940, foi elaborado o Código das Águas – o primeiro instrumento de controle de uso dos recursos hídricos. A partir dessa época, foram sendo aprimoradas tecnologias de tratamento e identificação de parâmetros de controle de qualidade de água e esgoto, até que, na década de 1990 e começo do século XXI, deu-se início ao desenvolvimento sustentável e a preocupação com o meio ambiente.

Agora é possível conceituar saneamento ambiental como o conjunto de ações que garante a qualidade da água e dos rios, o lançamento de esgotos em rede pública, a coleta de lixo e sua disposição em aterros sanitários ou controlados, a garantia de água em quantidade e qualidade adequadas para o consumo humano, além do controle ou da erradicação de doenças. Esse conjunto de ações ou práticas, que visam promover a qualidade e melhoria do meio ambiente e contribuir para a saúde pública e o bem-estar da população, denomina-se saneamento ambiental.

São exemplos de práticas positivas de qualidade de vida: segregação de resíduo, consumo de energia eólica ao invés de hidráulica, uso de bicicletas etc. Dentre as situações apresentadas, destacam-se: no caso do resíduo, há uma diminuição significativa de resíduo orgânico, o que otimiza o espaço em aterros sanitários; a substituição de energia hidráulica pela eólica diminui a necessidade de utilização dos recursos hídricos (esse assunto será mais bem analisado no Capítulo 3); a utilização da bicicleta substitui o uso de veículos motorizados, tendo como consequência a diminuição da poluição do ar e do consumo dos recursos naturais.

O resgate do conceito de qualidade de vida, neste momento, é necessário para a criação de cenários que facilitarão o entendimento de novos conceitos nos próximos capítulos.

Ivan Pavlov/Shutterstock.com

Guido Amrein, Switzerland/Shutterstock.com

Figura 1.1 – Situações que ajudam a fixar o conceito se saneamento ambiental: práticas positivas e não positivas de melhoria da qualidade de vida das pessoas e do meio ambiente.

Com o crescimento desordenado da população, alguns fatores contribuem para piorar a qualidade de vida, tais como: aumento de indivíduos por metro quadrado, necessidade de aumento da oferta de saneamento básico, de abastecimento de água e afastamento ou tratamento de esgotos (Figura 1.2). O afastamento do esgoto, a princípio, pode não ser bem aceito, no entanto é uma medida de controle de proliferação de doenças tão necessária quanto a coleta de lixo, cujo principal objetivo é evitar a contaminação da população, além de diminuir a probabilidade de enchentes, entre outros.

Asianet-Pakistan/Shutterstock.com

Figura 1.2 – O aumento da poluição pode ser provocado pela aglomeração da população por metro quadrado, falta de coleta de lixo, carreamento dos efluentes líquidos e material lixiviado para os corpos d´água ou córregos, diminuindo a sua qualidade.

A Figura 1.3 mostra o desmatamento provocado pela ação do homem para o desenvolvimento de pastagens ou atividades agrícolas. É comum o homem utilizar o solo até que ele atinja a sua exaustão, não sendo possível desenvolver nenhuma atividade agropecuária posteriormente. Quando se atinge essa fase, buscam-se novas terras e se inicia todo o processo novamente.

Quando há o desmatamento, algumas espécies de árvores são extintas e, em decorrência disso, há a diminuição na quantidade de alimentos, o que provoca a extinção de algumas espécies de animais. Além disso, a vegetação de copas altas e entrelaçadas, denominada floresta, é substituída por plantas exóticas, que por serem de tamanho inferior ao das florestas nativas, permitem a incidência do Sol no solo, provocando o seu empobrecimento e desencadeando a erosão. As aberturas de fissuras no solo afetam os lençóis freáticos, o que diminui a quantidade de água na região.

Algefoto/Shutterstock.com

Figura 1.3 – Empobrecimento do solo, fenômeno que diminui a quantidade e a qualidade de água disponível na região, pois se alteram as condições no meio ambiente.

Fique de olho!

O saneamento ambiental é um conjunto de práticas e ações com o objetivo de garantir a qualidade de vida das pessoas e a melhorar as condições ambientais.

1.2 A situação do saneamento no Brasil

Nos últimos dez anos, o Brasil passou por mudanças com a globalização de seus produtos em âmbito internacional. No entanto, o País precisa avançar nas questões relativas ao saneamento ambiental, principalmente na coleta e no afastamento ou no tratamento de esgotos.

Segundo a Organização Mundial de Saneamento (OMS), a ausência de saneamento é considerada o 11º fator de risco para mortes no mundo.

A Tabela 1.1 mostra, por meio da Pesquisa Nacional por Amostra de Domicílios (PNAD), do Instituto Brasileiro de Geografia e Estatística (IBGE), o percentual de domicílios particulares permanentes atendidos pelos serviços de água e esgoto.

Tabela 1.1 – Percentual de domicílios particulares permanentes

Região	% de rede de abastecimento de água	% de rede de coleta de esgotos
Norte	58,7	8,2
Nordeste	78,0	30,8
Sudeste	92,3	81,7
Sul	85,3	34,1
Centro Oeste	83,0	36,9
Brasil	84,4	52,5

Fonte: Pesquisa Nacional por Amostra de Domicílios (PNAD) do Instituto Brasileiro de Geografia e Estatística (IBGE).

A Tabela 1.1 mostra os índices de déficit para serviços de água e esgoto, porém não evidenciam os desafios do setor, tais como: qualidade de prestação de serviço, desempenho operacional dos prestadores, regulação e planejamento dos serviços e capacidade de gestão dos serviços de saneamento.

A Lei Federal nº 11.445/2007, conhecida como marco zero do saneamento, estabelece que a prestação dos serviços públicos de saneamento deve englobar os serviços de abastecimento de água, esgotamento sanitário, limpeza urbana e o manejo dos resíduos sólidos.

A Tabela 1.2 mostra os serviços prestados por diversos órgãos sob a responsabilidade do município e supervisão do Ministério da Saúde e de Órgãos Federais até 1970, com o abastecimento de água (captação, tratamento e distribuição) e coleta, tratamento e disposição final de esgoto por meio de autarquias e órgão público. Após a criação do Plano Nacional de Saneamento (Planasa), houve a definição de fontes de saneamento no País e a melhora da sua situação, que era bastante precária. Pode-se concluir que, após 1970, houve um aumento significativo na prestação de serviços de saneamento.

Tabela 1.2 – Índice de cobertura antes e depois do Planasa: 1970 e 1991 (em % de domicílios urbanos)

Descrição	1970[a]	1991[b]
Água: Rede pública com canalização interna	60%	86%
Esgotamento sanitário: Rede geral e fossa séptica	22%	49%

Fonte: IBGE

Em 1990, criou-se a Pesquisa Nacional por Amostra de Domicílios (PNAD), que permitiu mensurar os domicílios atendidos com água e esgoto. Com isso, concluiu-se que 22,3% dos domicílios não eram atendidos por abastecimento de água e 57,1% não estavam ligados à rede de esgotos.

Após a criação da Política Nacional de Saneamento Básico, estabeleceram-se diretrizes nacionais para o saneamento, dentre as quais se destacam:

- a universalização do acesso aos serviços de água e esgoto;
- a disponibilidade, em todas as áreas urbanas, de serviços de drenagem e de manejo de águas pluviais adequados à saúde pública e à segurança da vida e do patrimônio público e privado;
- combate a pobreza e sua erradicação;
- proteção ambiental;
- promoção da saúde e de outras ações voltadas à melhoria de qualidade de vida para as quais o saneamento básico é fator determinante.

Essas diretrizes serviram de base para que, em 2000, a Organização das Nações Unidas (ONU), após analisar os maiores problemas mundiais, estabelecesse oito Objetivos do Milênio (ODM), o que no Brasil ficou conhecido como "Oito Jeitos de Mudar o Mundo". Tais diretrizes devem ser atingidas até 2015.

1.3 Ações de saneamento ambiental

Sendo saneamento ambiental o conjunto de práticas ou ações que visam promover a qualidade e melhoria do meio ambiente e contribuir para a saúde pública e o bem estar da população, os oito Objetivos do Milênio (ODM), apresentados na Figura 1.4, devem atender a esse conjunto de práticas.

Figura 1.4 – Objetivos do Milênio (ODM): reduzir da pobreza, atingir o ensino básico universal; estabelecer a igualdade entre os sexos e a autonomia das mulheres; reduzir a mortalidade infantil, melhorar a saúde materna; combater o HIV/Aids, a malária e outras doenças; garantir a sustentabilidade ambiental e estabelecer uma parceria mundial para o desenvolvimento.

Dos oito ODM, firmados em 2000 entre 189 nações para combater a extrema pobreza e outros males da sociedade, serão destacados três, que estão relacionados ao saneamento ambiental, para embasar a discussão nesse item: redução da pobreza, redução da mortalidade infantil e garantia da sustentabilidade ambiental.

Com relação à pobreza, você acha possível analisar onde estas pessoas vivem? A Figura 1.2 ilustra as condições de vida de uma população carente, bem como as dificuldades de acesso ao saneamento básico, cuja principal consequência é o aumento da mortalidade infantil.

Neste mesmo contexto, devemos nos questionar de que forma é possível garantir a sustentabilidade. Pensando nisso, é necessário considerar o seguinte conjunto de fatores: a explosão demográfica gera miséria, que está relacionada à qualidade de vida, uma vez que ela impede o acesso ao saneamento, à educação, à segurança, à saúde, entre outros. Nessas condições, o meio ambiente não é respeitado, pois se observa acúmulo de lixo, aumento de invasão em áreas de proteção ambiental, derrubada de árvores, ausência de acesso a educação ambiental etc. Portanto, garantir sustentabilidade e práticas sustentáveis, em condições de luta pela sobrevivência, são ações consideradas luxo. É nesse momento que o Estado, com condições limitadas, firme parcerias com o terceiro setor (Organizações Não Governamentais - ONGs) e empresas privadas para que, juntos, estabeleçam programas de desenvolvimento humano, ampliação de redes de esgotos e água, parceria público/privadas na construção de estações de tratamento, rodovias e principalmente em programas de Educação Ambiental como uma das possíveis alternativas para mudar esse cenário.

Resultados positivos já podem ser medidos, como a redução do índice de desmatamento no Brasil e no mundo, cuja soma das áreas protegidas na terra e no mar chega a 20 milhões de km^2 (dados de 2006). A meta de reduzir em 50% o número de pessoas sem acesso à água potável deve ser cumprida; entre 1990 e 2006, atingiu-se mais de 1,6 bilhão de acessos à água potável, aumentando em 10% o atendimento. Porém, com relação à melhoria das condições de vida em favelas e bairros pobres, o progresso tem sido lento.

Quais as ações do Estado que poderiam ser implantadas para garantir saneamento ambiental? Ora, podem-se destacar algumas, como o Programa de Aceleração do Crescimento (PAC), desenvolvido pelo governo federal. Dentre as obras realizadas pelo PAC, destacam-se:

» Minha Casa, Minha Vida: é um Programa Nacional de Habitação Urbana (PNHU) que tem por objetivo promover a produção ou a aquisição de novas unidades habitacionais, ou a requalificação de imóveis urbanos para famílias com renda mensal de até R$ 5.000,00.

» Ações de saneamento do eixo Cidade Melhor: financia 4.312 empreendimentos com obras de esgotamento sanitário, manejo de resíduos sólidos e saneamento integrado, beneficiando cerca de 3.500 municípios no Brasil.

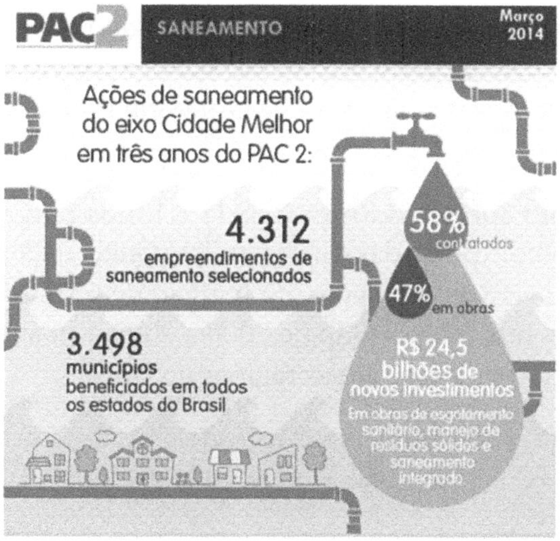

Figura 1.5 – Ações de saneamento do eixo Cidade Melhor.

Portanto, pode-se concluir que, dentre as ações previstas para garantir o saneamento ambiental, destacam-se:

» o abastecimento de água em quantidade e dentro dos padrões de potabilidade vigentes (captação, tratamento, adução, reserva e distribuição);

» o esgoto sanitário, limpeza urbana e manejo de resíduos sólidos cujas ações previstas são: coletar, tratar e dar destinação final;

» o manejo de águas pluviais com duas ações: coleta e disposição final;

» o controle ambiental de vetores e reservatórios, impedindo o aparecimento de doenças provocadas pela presença de ratos, baratas e insetos que transmitem doenças, tais como leptospirose, dengue, febre amarela, entre outros;

» o controle ambiental do uso do solo e sua ocupação, se mencionado que, quando não bem gerenciado, esse uso poderá provocar a falta d'água, entre outros problemas.

1.4 Índices de cobertura dos serviços de saneamento básico

Este item é de fácil compreensão, pois para expandir os serviços de saneamento são necessários investimentos.

Os investimentos mais urgentes no setor de saneamento são os que garantem que a água chegue às residências e que o esgoto seja afastado ou tratado, portanto privilegia a ampliação da rede, ou seja, mais pessoas recebendo água ou tendo acesso ao esgoto. Além disso, há necessidade de modernizar tanto a gestão dos serviços para evitar ou minimizar a perda de água causada por instalação física quanto equipamentos mais modernos que permitem uma mensuração do volume de água ou esgoto (tratado) com maior confiabilidade.

Existem alguns programas de educação ambiental e de sensibilização e conscientização do uso da água. Um dos programas em que o governo de São Paulo investe consideravelmente é o Programa de Uso Racional da Água (PURA) da Companhia de Saneamento Básico do Estado de São Paulo (Sabesp). Esse programa está estruturado em três eixos: "Educacional e Cultural", voltado para o desenvolvimento de campanhas de sensibilização, "Tecnológico", destacando, entre outros, a medição individualizada, ou seja, a instalação de um medidor por residência e "Leis e Normas da ABNT", que acompanha a normatização das instalações dos equipamentos utilizados em cozinhas e banheiros (chuveiro, metais, louças etc.).

Os avanços do saneamento apresentados na Tabela 1.3 mostram as diferenças regionais e nacionais entre os anos de 2000 e 2008. Apesar das diferenças regionais na abrangência da prestação de serviços de distribuição de água, de coleta de esgoto, de manejo de resíduos sólidos e de águas pluviais, o Atlas de Saneamento 2011 apresenta, no período de 2000 a 2008, um avanço na quantidade de municípios cobertos pelo saneamento básico em todas as regiões do Brasil.

O País caminhou para atingir à universalização dos serviços de manejo de resíduos sólidos e de águas pluviais, assim como o serviço de abastecimento de água atingiu uma cobertura superior a 94% dos municípios.

Tabela 1.3 – Distribuição de água, esgoto, manejo de resíduos e manejo de águas pluviais

Brasil e Grandes Regiões	Total de Municípios		Tipo de Serviço							
			Rede geral de distribuição de água		Rede coletora de esgoto		Manejo de resíduos sólidos		Manejo de águas pluviais	
	2000	2008	2000	2008	2000	2008	2000	2008	2000	2008
			Número	Número	Número	Número	Número	Número	Número	Número
Brasil	5507	5564	5391	5531	2877	3069	5475	5562	4327	5256
Norte	449	449	422	442	32	60	445	449	222	403
Nordeste	1787	1793	1722	1772	767	819	1769	1792	1227	1615
Sudeste	1666	1668	1666	1668	1547	1586	1666	1667	1468	1643
Sul	1159	1188	1142	1185	451	472	1149	1188	1094	1172
Centro-Oeste	446	466	439	1464	80	132	446	466	316	423

Fonte: Altas de Saneamento 2011.

Em 2011, dos 78 milhões de habitantes, no Brasil, quase 92% da população tinha acesso à água potável, ou seja, mais de 6 milhões de habitantes ainda não tinham acesso. Porém, segundo a Organização Mundial de Saúde (OMS), 7 milhões de habitantes no Brasil não tem acesso à rede de esgoto.

Os investimentos para o setor de saneamento no País ainda não são suficientes para melhorar esses índices. A estimativa é que, se os investimentos forem mantidos, em 2022 todos os brasileiros tenham acesso aos serviços básicos.

Amplie seus conhecimentos

Para possibilitar melhor fixação dos conceitos desenvolvidos nesse capítulo, aprimore seus conhecimentos com os seguintes temas:

Leia os textos referentes à Revolução Industrial e faça correlação do êxodo rural com o uso e a ocupação do solo. O texto está disponível em: <http://www.infoescola.com/historia/revolucao-industrial>. Acesso em: 4 jul. 2014.

Leia sobre a Lei Federal nº 11.445/2007 para fixar o entendimento quanto a prestação dos serviços públicos de saneamento. A Lei está disponível em: <http://www.planalto.gov.br/ccivil_03/_ato2007-2010/2007/lei/l11445.htm>. Acesso em: 4 jul. 2014.

Conheça mais sobre os Objetivos do Milênio (ODM) em: <http://pnud.org/ODM.aspx>. Acesso em: 4 jul. 2014.

Vamos recapitular?

Neste capítulo você aprendeu que saneamento ambiental é um conjunto de práticas e ações voltadas a garantir a qualidade de vida das pessoas e das condições ambientais. As práticas ou ações voltadas à melhoria da qualidade de vida e condições ambientais podem ser identificadas nos Programas de Governo no âmbito Municipal, Estadual e Federal.

Dentre os programas federais, destacam-se: Minha Casa, Minha Vida, para melhorar as condições de pessoas com baixa renda, e o Programa de Aceleração do Crescimento (PAC), em que foram definidos empreendimentos com obras de esgotamento sanitário, manejo de resíduos sólidos e saneamento integrado, beneficiando cerca de 3.500 municípios no Brasil.

Na esfera Estadual, apresentou-se o Programa de Uso Racional da Água (PURA), em que são identificados equipamentos e instalações hidráulicas que possibilitam apontar o desperdício de água.

Quanto as ações voltadas para ONGs, foram apresentados os oito Objetivos do Milênio (ODM), que integram ações mencionadas anteriormente, tais como: redução da pobreza, redução da mortalidade infantil e garantia da sustentabilidade ambiental. Essas ações podem ser identificadas e medidas nos programas do Governo acima mencionados, somados as inciativas de ONGs de educação ambiental, entre outros.

Agora é com você!

1) De acordo com seu entendimento, defina o que é saneamento ambiental.

2) Quais são as medidas de controle de poluição?

3) Qual é a relação entre a poluição e a extinção dos seres vivos (animais)?

4) Por que não há uma distribuição de serviços de abastecimento de água e saneamento em todas as regiões do Brasil?

5) Quais são as medidas de minimização de impactos ambientais que podem ser adotadas?

2

Recursos Hídricos

Para começar

Neste capítulo iremos tratar sobre os recursos hídricos quanto à distribuição espacial de água no planeta Terra, como a água está distribuída no Brasil e mundo. Abordaremos a Política Nacional dos Recursos Hídricos (Lei nº 9.433/97), sua aplicação e implantação, o conceito de bacia hidrográfica e seus principais conflitos pelo uso da água.

Também serão identificados os mananciais para fins de abastecimento de água potável e suas principais fontes e atividades econômicas, além da disponibilidade hídrica por bacia, os usos múltiplos por bacias hidrográficas e como são definidas as prioridades para o uso da água de acordo com a Política Nacional dos Recursos Hídricos.

2.1 Água

A água é um composto químico formado por dois átomos de hidrogênio e um de oxigênio (H_2O); no entanto, ela pode receber uma grande quantidade de sais minerais, o que altera sua composição de líquido sem gosto, sem cor e sem cheiro para uma substância salgada, como a água encontrada no mar.

Cerca de 70% da superfície da Terra é coberta por água, assim como a composição do corpo humano; portanto, sem esse líquido, o ser humano e outros seres vivos não existiriam.

A água é tão importante para o homem que, na Antiguidade, as civilizações costumavam se desenvolver às margens de rios, como os egípcios, que utilizaram o rio Nilo para suas atividades agrícolas e os povos da Mesopotâmia, que se localizavam entre os vales dos rios Tigre e Eufrates, além de outros povos que fizeram o mesmo.

Por ser um recurso natural, a água é um bem finito e deve ser utilizada de forma consciente para garantir que esse recurso ainda exista para as futuras gerações.

O homem tem atuado no meio ambiente de maneira negativa por meio do lançamento de esgotos domésticos e não domésticos (despejos de indústrias e comércio), além do exercício de atividades agropecuárias que aumentam a poluição da água e limitam o seu consumo para abastecimento humano e dessedentação de animais.

Com intuito de melhorar a qualidade e a oferta de água, são necessárias técnicas de tratamento de água e esgoto adequadas e que estejam de acordo com a aplicação e qualidade que se necessita para seu uso. Além disso, essas técnicas precisam estar de acordo com as exigências legais.

A Figura 2.1 mostra que o planeta, assim como o corpo humano, é um sistema que deve ser mantido sob condições controladas para evitar que os recursos naturais, como a água, tragam consequências indesejáveis, como doenças para o corpo humano ou alteração na quantidade e qualidade do uso da água para fins de abastecimento, irrigação, recreação etc. Outro fator relacionado à necessidade de água são as atividades metabólicas do corpo humano, tais como: locomoção, raciocínio, digestão de alimentos, entre outros.

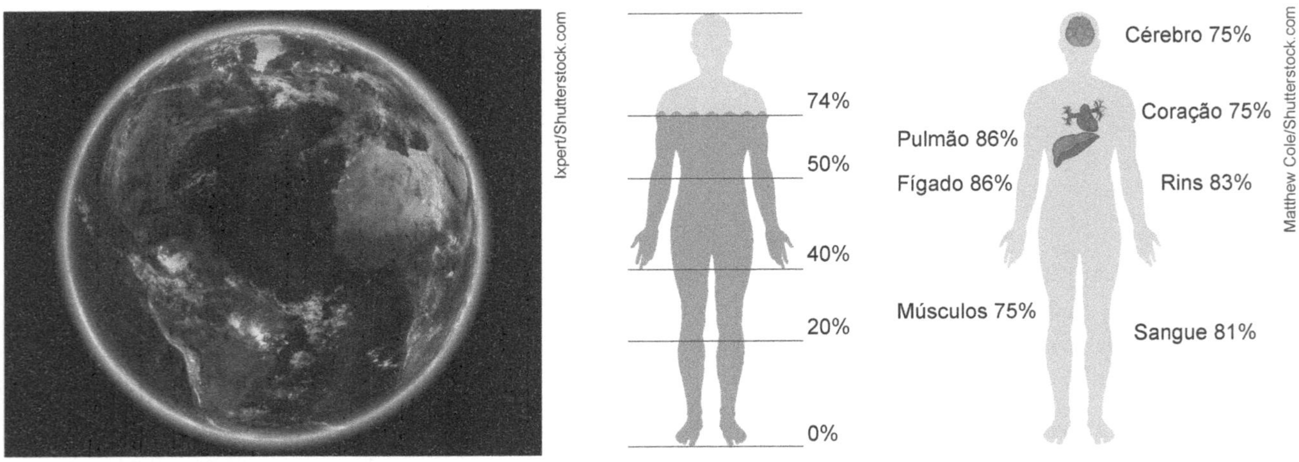

Figura 2.1 - Comparação da necessidade de água para o planeta Terra e para o corpo humano.

O planeta é composto majoritariamente por água, atingindo cerca de dois terços de sua composição, distribuídos em oceanos e mares da seguinte maneira: 2,6% de água doce e 97,4% de água salgada. Do total de água doce, 99,7% não está disponível para consumo, pois formam as calotas polares nos hemisférios norte e sul. Ou seja, somente 0,3% do total de água existente na Terra encontram-se em áreas alagadas, rios, lagos e represas e está disponível para o uso.

Quanto ao consumo de água doce disponível, ele está distribuído da seguinte maneira: 73% para irrigação, 21% para indústria e apenas 6% para o consumo humano. (Fundação das Nações Unidas para a Infância - UNICEF).

A disponibilidade da água vem sendo ameaçada devido ao crescimento da população e ao aumento da demanda da quantidade de água para uso doméstico, da agricultura, da mineração, da produção industrial, da geração de energia e da silvicultura. Esse uso inapropriado pode tanto reduzir a disponibilidade da água, quanto piorar a sua qualidade.

Fique de olho!

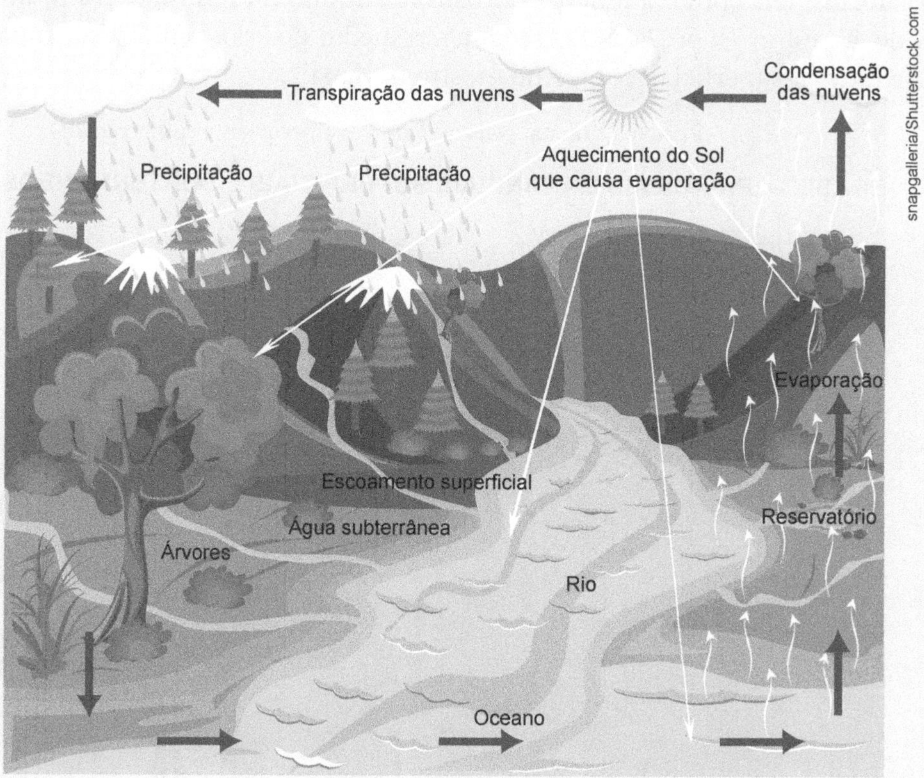

Figura 2.2 - Ciclo e água.

O ciclo da água é a sua contínua circulação sobre o planeta e ele se divide em várias etapas: a primeira delas é a evaporação. Com a incidência de raios solares sobre a Terra, há um aumento da temperatura nos rios, lagos e oceanos, o que faz com que a água passe do estado líquido para o gasoso, provocando a transpiração da superfície da Terra para a atmosfera (esse fenômeno também acontece com as plantas e os animais). Quando esse vapor formado entra em contato com camadas de ar frio da atmosfera, a água volta ao seu estado líquido, concentrando-se e formando as nuvens.

Quando há um acúmulo considerável de água líquida nas nuvens, ela se precipita em forma de chuva, granizo ou neve, caindo em diversos lugares e escoando para rios, lagos, mares ou até mesmo se infiltrando pelas fissuras do solo e das rochas, abastecendo os lençóis freáticos e, consequentemente. aumentando as reservas subterrâneas de água.

2.2 Recursos hídricos

Os recursos hídricos são a parcela de água doce disponível para seus diversos usos. Pode-se pensar que a água está acabando, atingindo a sua escassez, mas, na realidade, a água não aumenta nem diminui. Os fatores que fazem com que tenhamos essa percepção de que a água está acabando são: as variações climáticas, a excessiva concentração populacional e atividades econômicas, o aumento da demanda da água, a poluição dos mananciais, a alteração do regime de escoamento superficial e de realimentação de aquíferos subterrâneos, entre outros.

2.2.1 Disponibilidade hídrica

A vazão natural de um rio é aquela que teve origem sem interferência humana. Já os reservatórios ou mananciais são utilizados para estocar e atender aos diversos usos da água.

A disponibilidade hídrica pode ser dividida em superficial, com 95% de permanência e com um volume de 91 mil m^3, e a subterrânea, que se distribui por todo território brasileiro em diferentes tipos de reservatórios, tais como: aquíferos porosos, fraturado ou fissural e fraturado vulcânico, que atingem cerca de 40 mil m^3/s, ou 24% do escoamento médio dos rios em território nacional e 46% da disponibilidade hídrica superficial, conforme mostra o Mapa 2.1.

Mapa 2.1 – Principais mananciais no Brasil – superficiais e subterrâneos

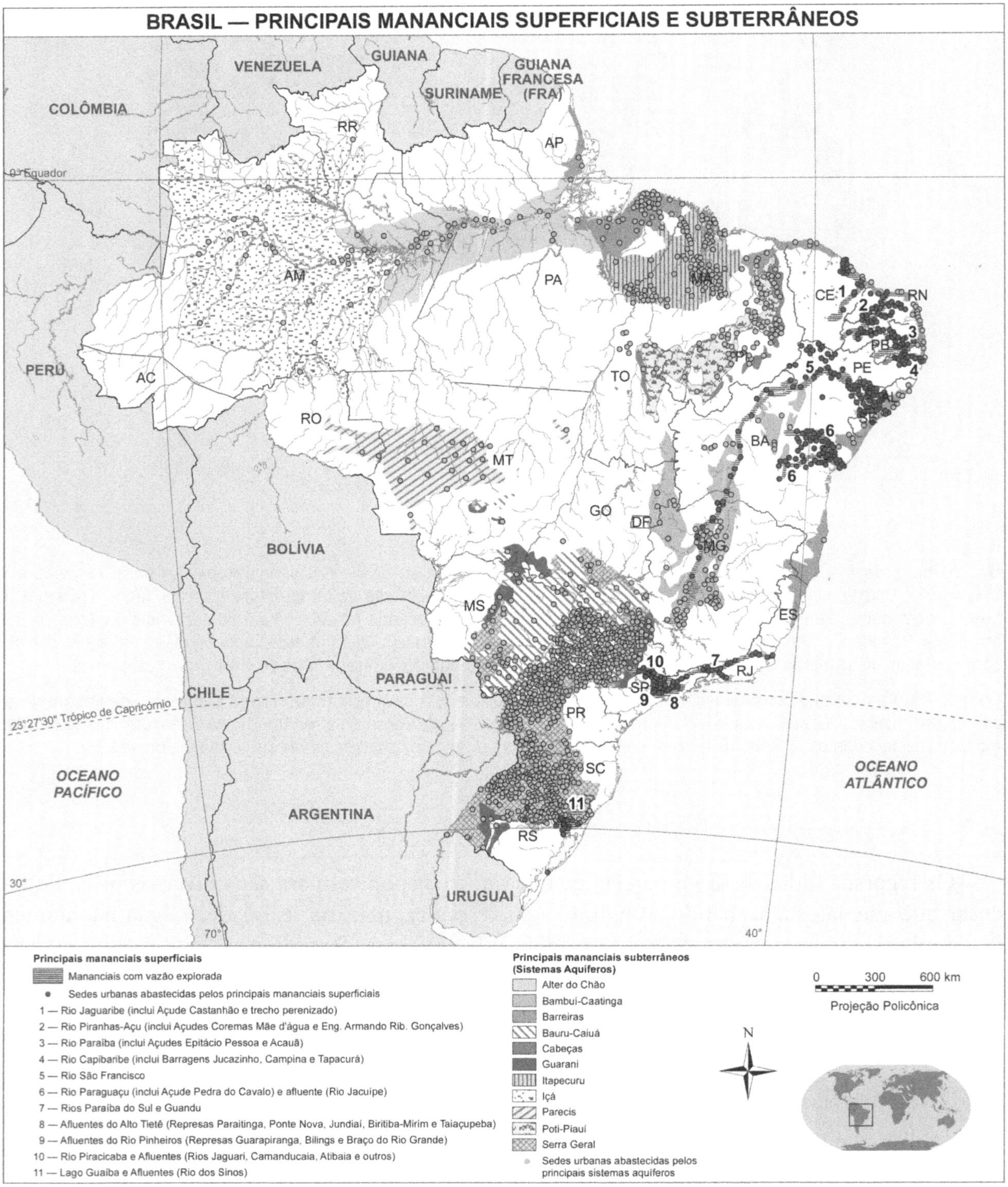

Fique de olho!

Formação dos aquíferos

Os aquíferos são divididos em três tipos:

- Aquíferos porosos (contínuo): formados por rochas sedimentares consolidadas, sedimentos não consolidados ou solos arenosos. São definidos como os melhores aquíferos em extensão e volume.
- Aquíferos fraturados ou fissuaral (descontínuo): formados por rochas ígneas, metamórficas ou cristalinas, duras e maciças que tenham fraturas, fendas ou falhas abertas. Devido a esta formação, os volumes são baixos.
- Aquífero Cárstico – Karst (descontínuo): formado em rochas calcárias ou carbonáticas, contendo fraturas e outras descontinuidades com aberturas que podem atingir grandes dimensões, fraturado vulcânico.

As principais vantagens do uso de águas subterrâneas são seu filtramento e purificação natural, determinando uma excelente qualidade. Além disso, não ocupam espaço em superfície e evitam o desmatamento que está diretamente ligado a mudanças climáticas e, consequentemente, a disponibilidade hídrica.

Dentre as águas subterrâneas, o aquífero Guarani é o maior em água doce transfronteiriço no mundo, com um volume de 46 mil km^3, localizado na região centro-leste da América do Sul, na fronteira entre Brasil, Paraguai, Uruguai e Argentina.

O Gráfico 2.1 mostra que o volume de água disponível no Brasil é superior a vários continentes, porém a distribuição espacial deste recurso ocorre em áreas onde há menor demanda.

Gráfico 2.1 – Distribuição espacial do volume de água disponível nos continentes comparado com o Brasil

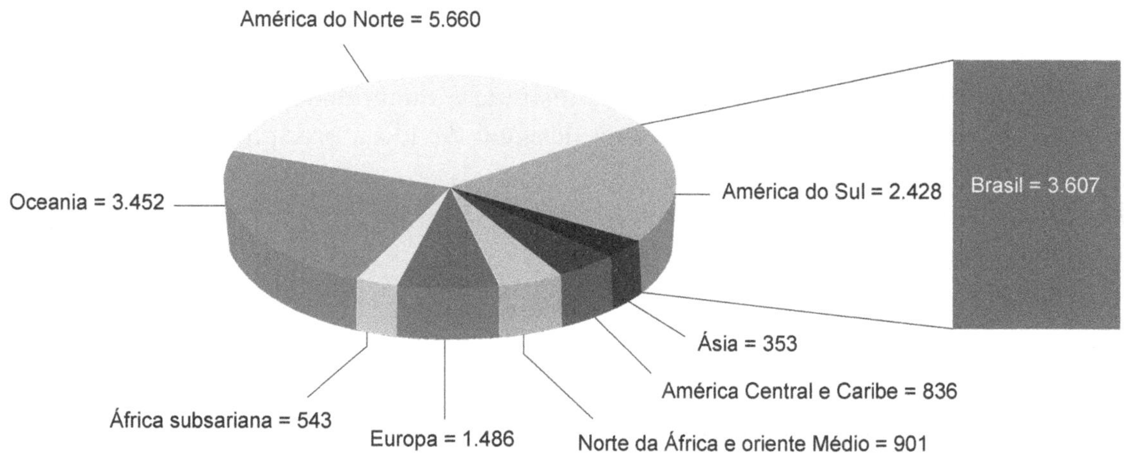

Fonte: ANA, *Relatório de Conjuntura*. 2013, p.50 Adaptado de White apud McCartney, M; SMARKTIN, V. In: *An Era of Climate Change of Increasing Ranfall Variability*. International Water Management Isntitute, 2010.

Os países que têm maior disponibilidade hídrica são os situados nos trópicos, como Brasil, Canadá, China, Indonésia, Estados Unidos da América, Índia, Bangladesh, Myanmar, Colômbia e Zaire. Os com menor disponibilidade situam-se na África saariana e no Oriente Médio: Bareim, Kwait, Katar Malta, Barbados, Cabo Verde, Djibuti, Emirados Árabes Unidos, Mauritânia, Singapura, Líbia e Chipre.

A disponibilidade hídrica desigual deve-se a precipitações atmosféricas sobre os continentes, localização geográfica e concentrações populacionais. O Mapa 2.2 mostra que a América do Norte dispõe de 30 vezes mais recursos hídricos por habitante do que a África e retrata todos os países mencionados com suas faixas de recursos renováveis por habitantes.

Mapa 2.2 – Recursos hídricos

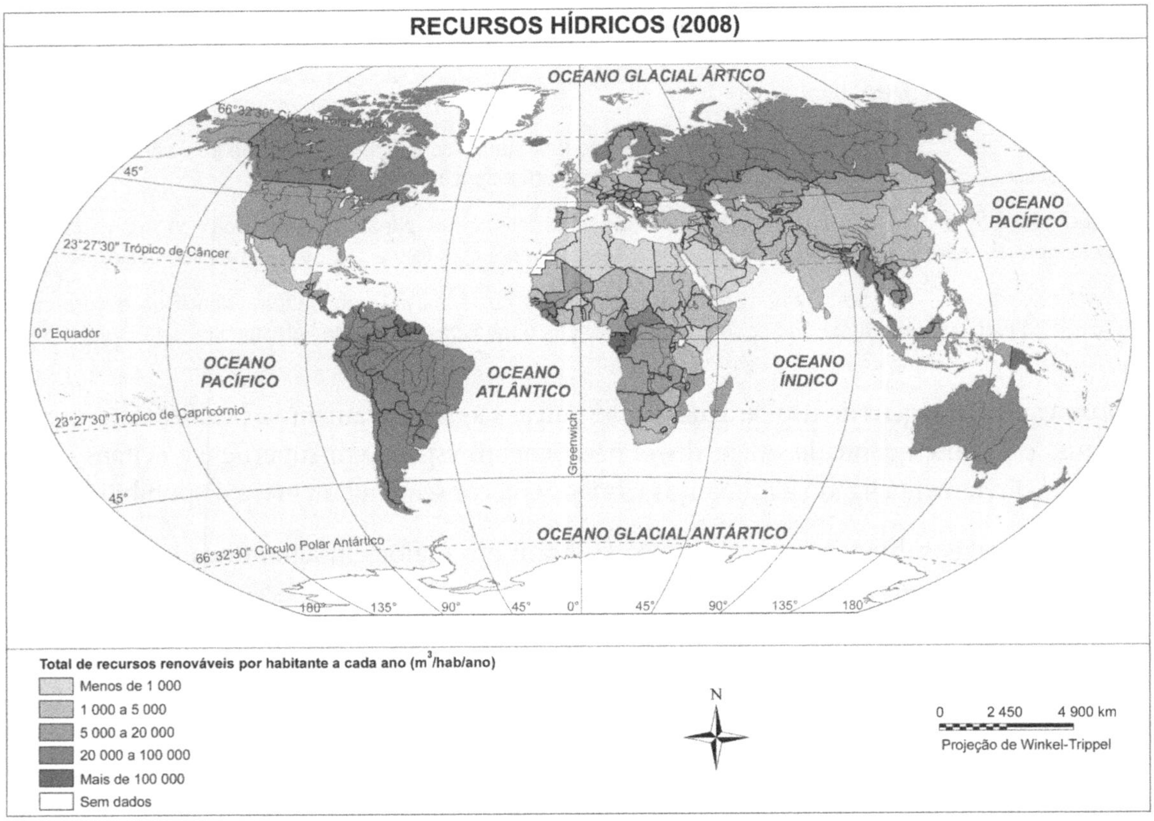

Os recursos hídricos de superfície no Brasil correspondem a uma vazão de 169.00 m^3/s, ou quase 12% do total mundial. Na Figura 2.5, é mostrada a quantidade de recursos hídricos disponível no Brasil, ainda que esta distribuição seja desigual devido a precipitações de chuvas e densidade populacional principalmente, além da qualidade da água que nem sempre está disponível para abastecimento em função dos usos dos recursos hídricos.

O Programa das Nações Unidas para o Meio Ambiente (Pnuma) permite comparar o volume do armazenado *per capita* e identificar o grau de vulnerabilidade hídrica para atender a demanda de seus diversos usos.

O Mapa 2.3 mostra que a maior disponibilidade hídrica no Brasil pertence a Região Norte. Esse valor decorre fundamentalmente do volume armazenado em reservatórios de grande porte do setor elétrico (Tucuruí e Serrada Mesa) e do reduzido índice de habitantes quando comparado com as demais regiões.

Mapa 2.3 – Disponibilidade hídrica por habitante (*per capita*)

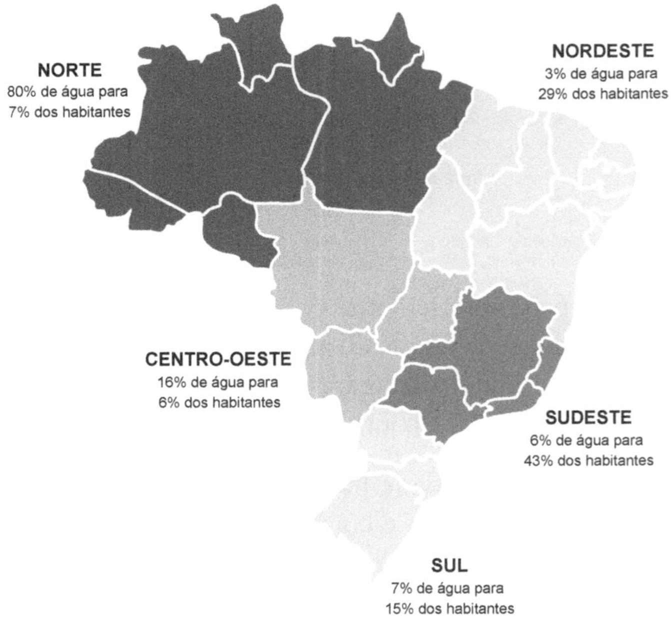

Em 2000, foi instituída a Agencia Nacional de Águas (ANA), com o objetivo de implementar a Politica Nacional dos Recursos Hídricos (Lei nº 9.433/97). Sua aprovação possibilitou a criação, no Brasil, de uma estrutura para a gestão dos recursos hídricos com processos participativos e novos instrumentos econômicos para promover o uso da água de forma eficiente.

Fique de olho!

O Artigo 1º da Política Nacional dos Recursos Hídricos (Lei nº 9.43397) "baseia-se nos seguintes fundamentos:

> I – a água é um bem de domínio público;
>
> II – a água é um recurso natural limitado, dotado de valor econômico;
>
> III – em situações de escassez, o uso prioritário dos recursos hídricos é o consumo humano e a dessedentação de animais;
>
> IV – a gestão dos recursos hídricos deve sempre proporcionar o uso múltiplo das águas;
>
> V – a bacia hidrográfica é a unidade territorial para implementação da Política Nacional de Recursos Hídricos e atuação do Sistema Nacional de Gerenciamento de Recursos Hídricos;
>
> VI – a gestão dos recursos hídricos deve ser descentralizada e contar com a participação do Poder Público, dos usuários e das comunidades.

E o Art. 2º declara que são objetivos da Política Nacional de Recursos Hídricos:

> I – assegurar à atual e às futuras gerações a necessária disponibilidade de água, em padrões de qualidade adequados aos respectivos usos;
>
> II – a utilização racional e integrada dos recursos hídricos, incluindo o transporte aquaviário, com vistas ao desenvolvimento sustentável;
>
> III – a prevenção e a defesa contra eventos hidrológicos críticos de origem natural ou decorrentes do uso inadequado dos recursos naturais.

Disponível em: <http://www.planalto.gov.br/ccivil_03/leis/l9433.htm>.Acesso em: 4 jul. 2014

Os recursos hídricos no Brasil são gerenciados por meio de bacias hidrográficas com múltiplos usos e com distribuição espacial desigual que precisam de uma gestão que possibilite obter informações e tomar decisões de forma equilibrada. Com isso, foi estabelecida uma estrutura complexa, capaz de reunir dados de diversos órgãos gestores estaduais, dentre os quais se destacam o Instituto de Meteorologia (Inmet), a Secretaria de Recursos Hídricos e Ambiente Urbano (SRHU). Tais informações foram disponibilizadas em um Sistema Nacional de Gerenciamento de Recursos Hídricos (Singreh), permitindo uma visão ordenada desses recursos no País e possibilitando uma melhor gestão.

Essas informações foram dividas em duas situações:

- Situação dos recursos hídricos: caracterizando dados qualitativos e quantitativo, abrangendo a ocorrência dos eventos hidrológicos, precipitação (onde são observados eventos críticos de secas e enchentes), situação dos setores usuários de água, balanço entre oferta e demanda de água e a situação da qualidade das águas superficiais.
- Situação da gestão dos recursos hídricos: caracterizando o estado da gestão dos recursos hídricos em escala nacional, em que são verificadas as alterações legais no período, no sistema Singreh, na implementação dos instrumentos de gerenciamento de recursos hídricos, comitês e agências de água e recursos financeiros originados pelo seu uso.

O Mapa 2.4 mostra que, após a Resolução do Conselho Nacional de Recursos Hídricos, por meio da CNRH nº 32/2013, o território brasileiro se dividiu em 12 Regiões Hidrográficas (RH): Amazônica, Tocantins-Araguaia, Atlântico Nordeste Ocidental, Parnaíba, Atlântico Nordeste Oriental, São Francisco, Atlântico Leste, Atlântico Sudeste, Paraná, Paraguai, Uruguai, Atlântico Sul, além das 27 Unidades Federais (UF).

Mapa 2.4 – Distribuição da Bacia Hidrográfica no Brasil

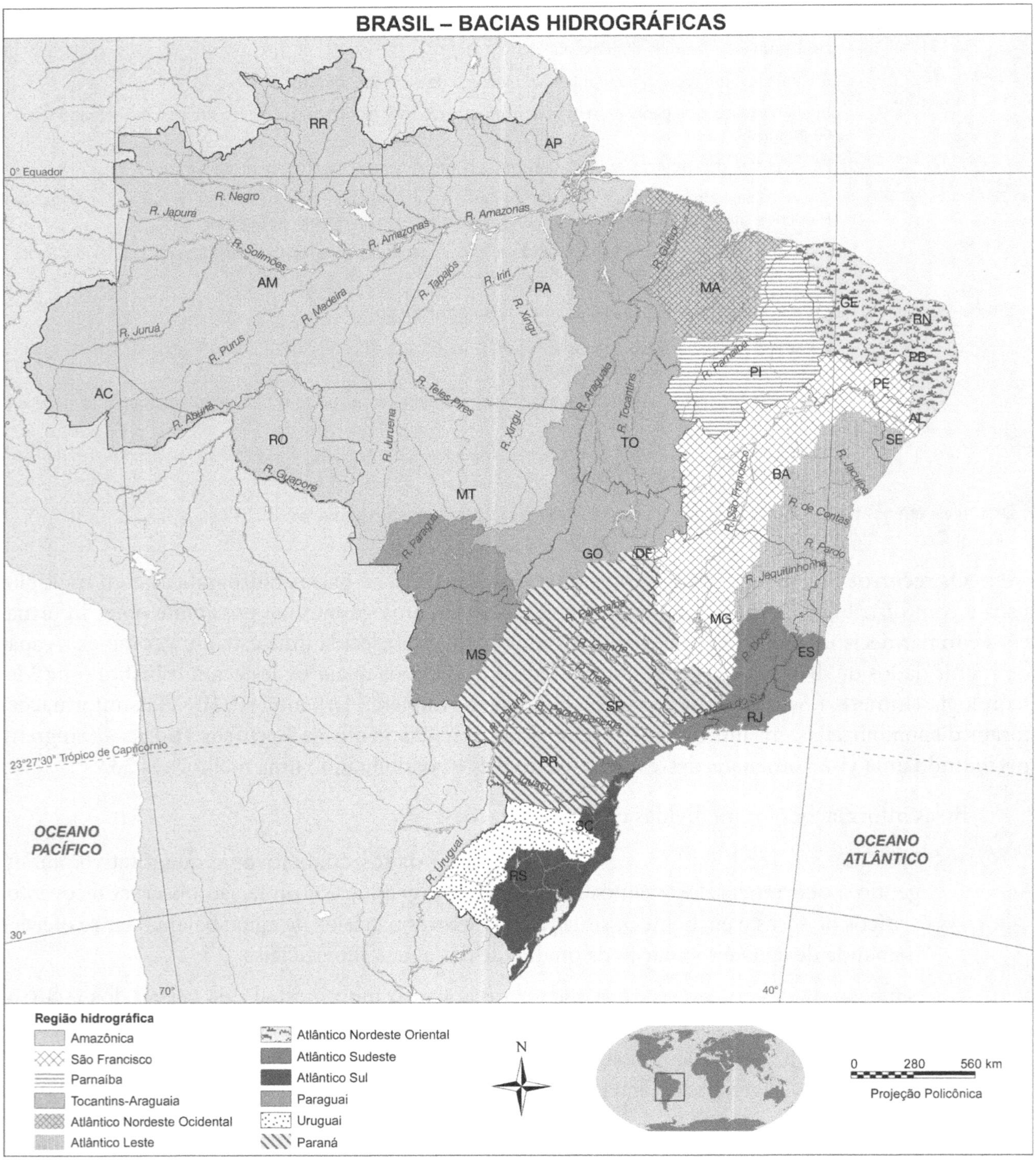

Essa divisão facilita e agiliza a gestão dos recursos hídricos, além de identificar eventos críticos, como secas e enchentes, o balanço entre oferta e demanda de água - que são fundamentais - para a preservação do equilíbrio natural das comunidades aquáticas, bem como sua proteção, recreação, aquicultura, abastecimento para consumo humano, pesca, irrigação, dessedentação de animais, navegação, atividades industriais e turismo, que são essenciais para o desenvolvimento econômico de um país.

2.3 O que é bacia hidrográfica?

Bacia hidrográfica é uma área de drenagem de um curso de rio ou lago, definida topograficamente por meio de um divisor "fundo de vale", em que toda chuva que cai na bacia é drenada para o rio principal ou para os rios afluentes ao rio principal, de maneira que toda a vazão do rio é descarregada no ponto mais baixo da área.

Figura 2.3 – Vista aérea da bacia do Rio Amazonas.

O homem, mesmo sem conhecer o conceito de bacia hidrográfica, intuitivamente, já procurava se abrigar em regiões próximas a áreas com grande volume de água. Isso ocorre desde a época da civilização egípcia, quando a população se abrigava no vale dos rios Tigre e Eufrates; já os hebreus se instalaram na bacia do rio Jordão; e os chineses às margens dos rios Yang-Tsé e Huang Ho para desenvolver atividades agrícolas.

Esses vales dos rios, conhecidos por "fundo de vale" e que geralmente sofrem inundações, são separados por outra bacia por meio de cristas de elevações ou montanhas, ponto mais alto da superfície. As áreas que abrigam os rios afluentes do rio principal, as "nascentes", ou seja, locais onde brotam a água subterrânea, formam o corpo d´água, drenando-a para a superfície do terreno e recarregando o lençol freático.

O Plano de Implementação de Johanesburgo (JPOI) (WWSSD 2002), preconiza, no parágrafo 26, o uso eficiente de recursos hídricos e sua alocação equilibrada entre os setores concorrentes. Esse objetivo foi selecionado como sendo o fundamental para solucionar o conflito dos usos múltiplos dos recursos hídricos.

Segundo relatório da Organização das Nações Unidas para a Educação, Ciência e Cultura (UNESCO), a demanda de água aumentou muito nos setores que mais a utilizam: agricultura, produção de energia, usos industriais e consumo humano.

A agricultura e a pecuária correspondem a 70% da quantidade total de água utilizada nesse conjunto, incluindo a produção de energia. Com a crescente demanda de produtos pecuários, aumenta também a demanda de água; com isso, estima-se que a demanda de água por alimento cresça cerca de 70% até 2050. Porém está previsto um aumento de 19% de oferta de água para o mesmo período, caso não sejam adotadas medidas de aumento de rendimento por eficiência de produção.

Todas as fontes de energia e eletricidade precisam de água em seus processos de produção: a extração de matérias-primas, refrigeração de processos térmicos, sistemas de lavagem, cultivos para biocombustíveis, as turbinas de geração de energia hidroelétrica etc. Porém, mais de um bilhão de pessoas não tem acesso à eletricidade e a outras fontes limpas de energia. Para esse tipo de consumo, espera-se que aumente, mundialmente, cerca de 50% da produção até 2035, motivado pelo crescimento da população e pelo desenvolvimento econômico.

Fique de olho!

Para que sejam encontradas alternativas de oferta de água para as sedes municipais da Região Nordeste do Brasil e do norte de Minas Gerais, um estudo tem sido feito para solucionar o problema entre oferta e demanda de água, que é caracterizada pelos seguintes déficits:

- Oferta de água insuficiente para o atendimento da demanda de abastecimento humano provocado pela distribuição espacial irregular dos recursos hídricos.
- Falhas no abastecimento público provocadas pelos altos índices de perdas.
- Má conservação dos recursos hídricos que ocasionam a ocorrência de águas salobras impróprias para o consumo humano.

O Mapa 2.5 exemplifica como ocorre a disponibilidade hídrica na bacia hidrográfica do Parnaíba - Rio São Francisco. Note que existem várias retiradas ao longo do rio, o que evidencia o uso da água para diversos fins. É possível observar também, em boa parte da bacia hidrográfica, que a disponibilidade de água é bastante crítica, podendo ser regularizada com a utilização de açudes para conseguir atender a demanda.

Calcula-se, por meio da diferença entre as precipitações atmosféricas e a evaporação da água sobre a superfície dos continentes, que a quantidade de água doce na Terra seja cerca de 40.000 km^3 anuais. Porém, dois terços desse volume retornam aos cursos de água e aos oceanos após as chuvas e o restante é absorvido pelo solo, armazenando-se nos aquíferos subterrâneos que alimentarão os cursos de água durante as estiagens, restando cerca de 14.000 km^3 do total disponível.

Mapa 2.5 – Relação entre demanda e disponibilidade hídrica na bacia hidrográfica do Rio São Francisco

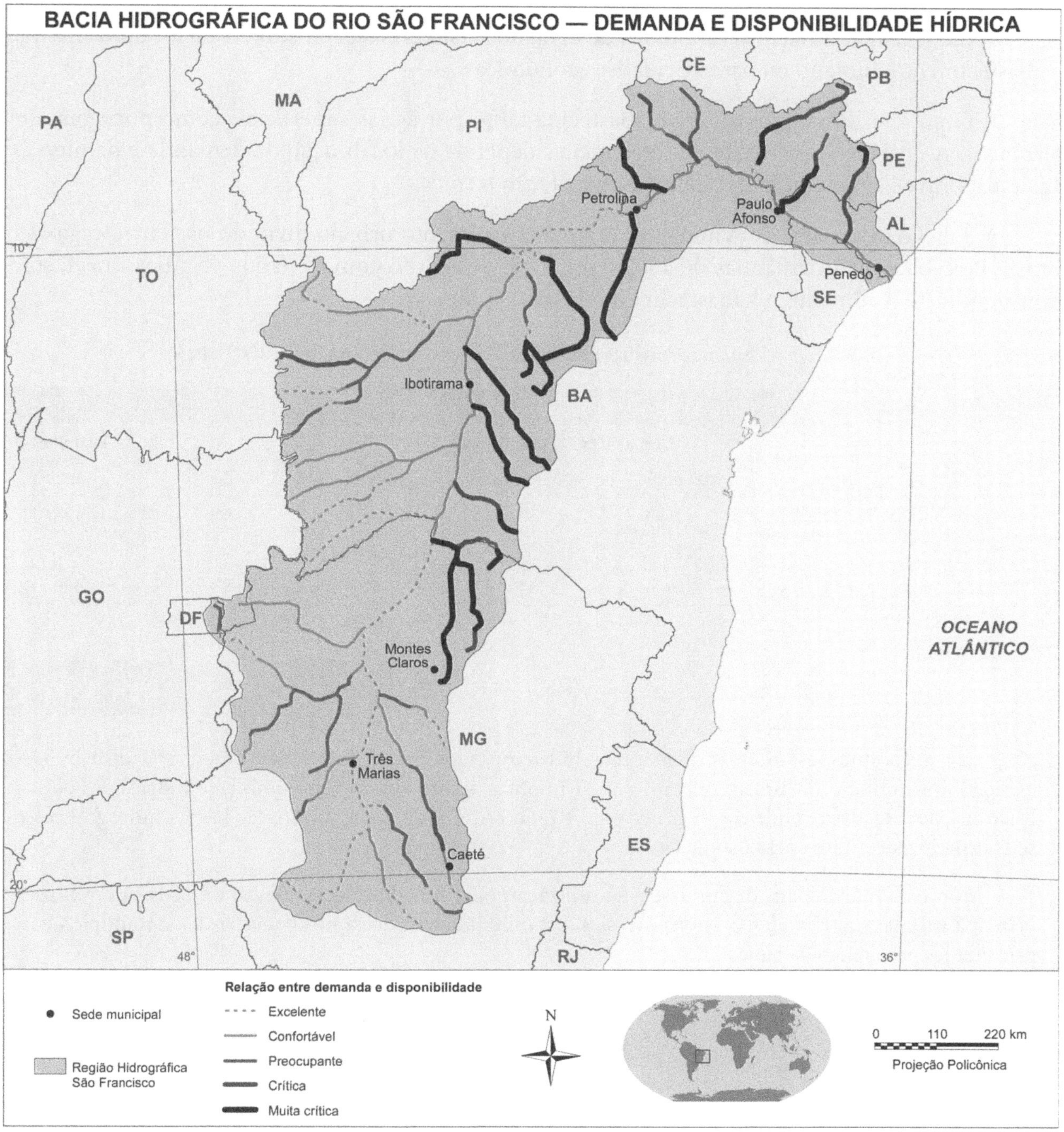

Amplie seus conhecimentos

Quanto ao consumo humano, a principal demanda prevista é nos núcleos urbanos que necessitam de água potável e drenagem. A estimativa é que a população urbana aumente de 3,4 bilhões para 6,3 bilhões de pessoas no período entre 2009 e 2050, aumentando, consequentemente, esse uso.

Saiba mais em: <http://www.unesco.org/new/fileadmin/MULTIMEDIA/FIELD/Brasilia/pdf/WWDR4%20Background%20Briefing%20Note_pt_2012.pdf>. Acesso em: 4 jul. 2014.

2.4 Mananciais

Mananciais ou nascentes são fontes de água doce, superficiais ou subterrâneas, utilizadas para o abastecimento humano ou para atividades econômicas.

A população urbana brasileira é abastecida tanto por águas superficiais como por águas subterrâneas. A eficiência do uso desses mananciais depende da localização da demanda e da oferta de água disponível, em quantidade, além da capacitação técnica.

A Tabela 2.1 mostra as demandas para o abastecimento urbano dividido nas cinco regiões do Brasil. Perceba que as demandas de 2005 para 2025, de acordo com os dados do Atlas Brasil, sofreram significativo aumento no abastecimento urbano de água.

Tabela 2.1 – Demandas médias para abastecimento urbano no Brasil 2005-2025

Demandas Médias para Abastecimento						
Ano	Demanda por Região Geográfica (m^3/s)					Total Brasil
	Norte	Nordeste	Centro-Oeste	Sudeste	Sul	(m^3/s)
2005	34	115	33	247	65	494
2015	45	136	39	275	75	570
2025	54	151	44	298	83	630

Fonte: ANA, 2010.

Vamos recapitular?

Neste capítulo, estudamos os recursos hídricos, cujos temas abordados foram: sua distribuição espacial no Mundo e no Brasil, suas principais implicações quanto à disponibilidade hídrica, a Política Nacional dos Recursos Hídricos (Lei nº 9.433/97), o critério de distribuição das bacias hidrográficas e seus principais conflitos pelo uso da água.

Sobre os mananciais, discutiu-se: sua utilização para fins de abastecimento de água potável, suas principais fontes e atividades econômicas, sua disponibilidade hídrica por bacia, os usos múltiplos e as prioridades para o uso da água.

Agora é com você!

Pesquise em livros, jornais, revistas e responda:

1) Em qual a bacia hidrográfica você está inserido?

2) Qual é o manancial que abastece sua cidade/região?

3) Por que falta água no Nordeste e há muita água na região Amazônica?

4) Como você e seus amigos podem contribuir para aumentar a disponibilidade hídrica?

3

Usos Múltiplos dos Recursos Hídricos

Para começar

Este capítulo tem como objetivo definir os múltiplos usos dos recursos hídricos, seus conflitos quanto à oferta e à demanda de água para desenvolvimento econômico e a situação de cobertura de abastecimento de água e do saneamento básico.

A discussão sobre o uso dos recursos hídricos será abordada dentro das legislações existentes, e incluirá um breve levantamento da disponibilidade hídrica nas 12 bacias hidrográficas no Brasil e da carga doméstica remanescente lançada novamente ao corpo receptor.

Também farão parte desse estudo o plano de recurso hídrico para definir prioridades nas bacias hidrográficas e a cobrança pelo seu uso.

3.1 Gerenciamento dos recursos hídricos

Fritjof Capra, físico e ecologista, avalia o meio ambiente de forma sistêmica, ou seja, para ele não se pode analisar uma parte sem considerar o todo. A análise do gerenciamento dos recursos hídricos deve ser semelhante ao corpo do elefante, como pode ser observado na Figura 3.1, em que, para que o animal desenvolva suas atividades e tenha vida longa, é necessário cuidar de cada um de seus órgãos. Com isso, ao analisar a orelha, por exemplo, devemos considerar que, se ela faz parte do corpo, a sua ausência poderá reduzir as possibilidades do elefante em vencer os desafios diários quanto a intemperes, predadores, doenças, entre outros.

O ser humano precisa de água para abastecimento, energia hidráulica, irrigação, piscicultura, lazer e outras atividades. Estabelecer prioridades é um grande desafio, uma vez que o desenvolvimento econômico de um país está diretamente ligado à disponibilidade do recurso hídrico. As regiões onde ocorrem estresse hídrico sofrem mais com o conflito estabelecido entre seus usos para fins econômicos, sociais, culturais e ambientais. O pouco acesso à água ou a sua ausência provoca limitação para obter alimentos, para gerar empregos e, como consequência, há o desencadeamento de vários problemas, tais como pouco ou nenhum desenvolvimento, fome, doenças, entre outros. Dessa maneira, o grande desafio da gestão dos recursos hídricos é promover o crescimento de um país de forma sustentável por meio de uma sociedade mais equitativa e inclusiva.

Johan Swanepoel/Shutterstock.com

Figura 3.1 - Não podemos enxergar o elefante como um par de orelhas, patas, presas de marfim, rabo ou tromba, mas sim como um conjunto, em que todas as suas partes são fundamentais, ou seja, devemos enxergá-lo na sua forma sistêmica. Assim acontece com os recursos hídricos, pois precisamos analisar todos os seus usos para mantermos o equilíbrio do meio ambiente em quantidade e qualidade suficientes, assegurando um ambiente salubre para a população do campo e da cidade, atendendo aos objetivos do milênio e garantido universalidade e integridade desse recurso para a população presente e futura.

Se você tivesse que decidir qual o uso da água que deveria receber maior demanda, você escolheria o abastecimento, a indústria ou a irrigação? O homem precisa de água para sobreviver de que maneira? Para beber e se alimentar ou se deslocar e vestir? Qualquer que seja a sua decisão, ela deverá ter um olhar sistêmico. Mas você sabe o que é isso? Ter um olhar sistêmico significa olhar para parte e que em sua decisão devem ser consideradas todas as suas necessidades. Deve-se considerar que um país sem indústria não se desenvolve e, consequentemente, não gera emprego. O mesmo acontece em relação à água, pois sem o seu uso para suas necessidades básicas não se é possível viver, uma vez que ela é fundamental para a irrigação das plantações, por exemplo, que geram diretamente os alimentos consumidos pela sociedade.

Fique de olho!

Além do abastecimento superficial provenientes de rios, lagos e mananciais, a água pode ser obtida também por meio do derretimento de geleiras.

No Oriente Médio, os custos para o tratamento da água retirada do mar variam de 0,5 a 2,5% do PIB, isto porque quanto pior a qualidade da água, maior será o custo do seu tratamento para retorná-la a condições adequadas de consumo.

Em janeiro de 1992, a Conferência das Nações Unidas sobre Água e Meio Ambiente, realizada em Dublin, na Escócia, definiu dois princípios básicos para a gestão de recursos hídricos no século XXI: "a água é um recurso finito e vulnerável, essencial para a manutenção da vida, do desenvolvimento e do meio ambiente" e "a água tem valor econômico para todos os seus usos e deve ser considerada como um bem econômico".

Esses dois princípios devem servir de base para quaisquer tomadas de decisão durante a gestão de recursos hídricos, alertando a população para o consumo de água consciente e responsável.

Portanto, uma somatória de ações tem sido praticada com o intuito de otimizar a relação entre oferta e demanda de água, podendo-se destacar o pagamento pelo seu uso e programas de educação ambiental, ainda que não sejam suficientes. Há também a necessidade de minimizar as perdas durante os processos de tratamentos tanto de água, quanto de esgoto e ampliar a utilização de águas de reúso para fins menos nobres (resfriamento de caldeiras, lavagem de pisos, entre outros).

Para facilitar a contabilização da disponibilidade de água quanto às demandas da população, Falkennmark, Lundqvist e Widstrand, em 1989, estabeleceram um indicador chamado de Índices de Criticidade de Recursos Hídricos (ICRH), também conhecido como "índice de estresse hídrico associados à disponibilidade hídrica", ou seja, sua aplicação indica quando a relação entre disponibilidade hídrica e atendimento às necessidades das pessoas é insuficiente.

O número proposto é até 1.700 m^3 de recursos hídricos renováveis *per capita* por ano como o limite base em estimativas de necessidades de água em casa, setores agrícola, industrial, de energia e de meio ambiente. Países cujos valores renováveis estão entre 500 e 1000 m^3, experimentam estresse hídrico e índices abaixo de 500 m^3 representam a escassez absoluta. A vantagem desse indicador é que os dados estão prontamente disponíveis e o seu significado é intuitivo e fácil de entender. Por outro lado, é possível que a média anual esconda a escassez, uma vez que o indicador não considera a disponibilidade de infraestrutura e os limites simples não refletem, por exemplo, estilo de vida, clima etc.

A Figura 3.2 mostra um modelo de gestão integrada de recursos hídricos na Austrália. Veja que, na sequência da representação, o país tem estados e regiões dividido em bacias hidrográficas, que, nesse caso, desenvolve a agricultura. O modelo de gestão integrada considera aspectos econômicos, cujos processos dependem do modelo e de especialistas multidisciplinares para manterem a qualidade e quantidade dos recursos hídricos, garantindo assim, água em condições adequadas para cidades, estados e países a jusante da bacia, onde está sendo desenvolvida a atividade de agricultura.

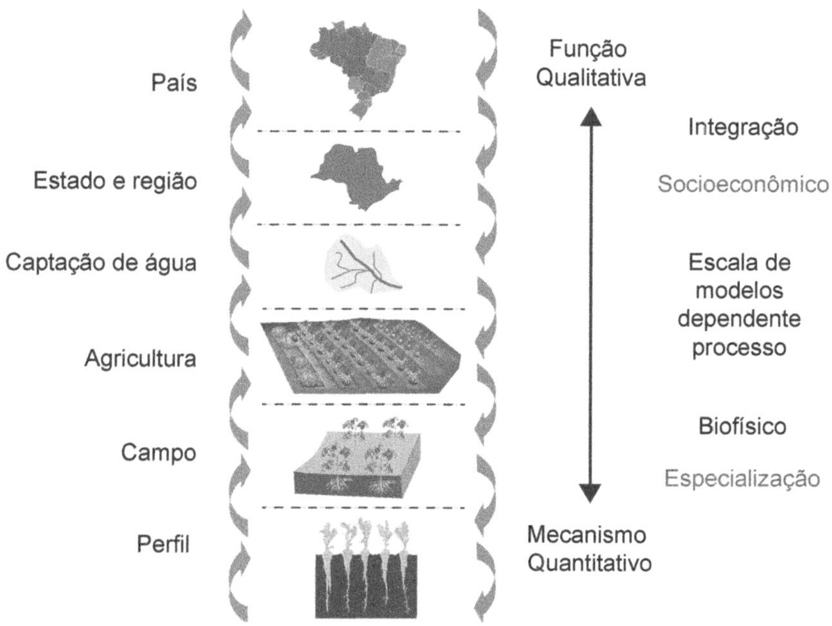

Figura 3.2 – Modelo de Gestão Integrada dos Recursos Hídricos no interior de Burdekin, na Austrália.

3.1.1 Uso e controle dos recursos hídricos

A escolha do reservatório para definir os usos a serem adotados dá-se em função de um planejamento no qual é analisada a qualidade e a quantidade do volume disponível no reservatório em estudo.

O uso da água depende de fatores sociais, econômicos e culturais, das formas de captação, do tratamento e da distribuição. Portanto, para gerenciar e definir os seus usos de maneira a haver equidade no atendimento aos usuários, foram estabelecidas prioridades, dentre as quais se destaca a preocupação com a escassez. Lembre-se que, de acordo com a Lei nº 9.433/97 prioriza-se o uso de recursos hídricos para o abastecimento público e para dessedentação de animais.

De acordo com o Artigo 43 do Código de Águas, Decreto Federal nº 24.643/34, "as águas não podem ser derivadas para as aplicações da agricultura, da indústria e da higiene, sem a existência de concessão administrativa, no caso de utilidade pública e, não se verificando esta, de autorização administrativa, que será dispensada, todavia, na hipótese de derivações insignificantes".

A geração de energia, por meio de hidrelétrica, também está sujeita a concessão prevista no Artigo 139 do Código de Águas, no âmbito Federal, pelo Departamento Nacional de Águas e Energia Elétrica (DNAEE), Lei nº 4.904/68.

Os principais vilões quanto ao conflito do uso da água são abastecimento público, energia e agricultura. No caso da energia e do abastecimento público, para tratar e distribuir água, há uma dependência da energia, o que aumenta ainda mais o conflito para esses usos.

De acordo com o relatório da Agência Nacional de Águas (ANA), os recursos hídricos são utilizados para desenvolver várias atividades que afetam as condições naturais das águas superficiais ou subterrâneas, sendo classificadas como uso consuntivo e não consuntivo.

Os consuntivos são aqueles nos quais parte da água captada é consumida no processo produtivo, ou seja, a água não retorna ao curso natural, diminuindo a sua disponibilidade. Nesse processo, destacam-se o abastecimento humano, industrial e irrigação por aspersão.

Utilizando as informações quanto aos usos da água, com base no Código das Águas e na classificação das atividades em consultivos e não consultivos, identifica-se os principais usos do recurso hídrico:

- Abastecimento público: para fins domésticos (para beber, preparar alimentos, higiene pessoal, limpeza, irrigação de jardins e pequenas hortaliças, criação de animais domésticos, entre outros) e públicos (moradias, escolas, hospitais e demais estabelecimentos públicos, irrigação de parques e jardins, limpeza de ruas e logradouros, paisagismo, combate a incêndio, navegação etc.).
- Industrial: matéria-prima para produção de alimentos, bebidas e produtos farmacêuticos, além do seu uso para fins menos nobres, como refrigeração, metalurgia, lavagem das áreas de produção de papel, tecido e fabricação à vapor, como caldeiraria.
- Agrícola e pecuário: irrigação para produção de alimentos, tratamento de animais, lavagem de instalações, entre outros.
- Geração de energia elétrica: na produção de energia através da derivação das águas de seu curso natural.
- Saneamento: diluição (lançamento em corpos d'água) e tratamento de efluentes.

A Figura 3.3 apresenta as demandas de água por tipo de usos consuntivo. Em 2010, a maior vazão de retirada foi para fins de irrigação, 1,270 m³/s, que corresponde a 72% do total retirado dos demais usos.

Figura 3.3 – Demandas de água por tipo de uso: (a) água potável; (b) indústria; (c) irrigação.

Nos usos não consuntivos, cujo uso de água não diminui sua quantidade, destacam-se os destinados à geração de energia elétrica, navegação, recreação, pesca e assimilação de efluentes.

Figura 3.4 – Usos não consuntivos de água: (a) hidroelétrica; (b) pesca; (c) navegação.

3.1.2 Usos da água no mundo

Segundo a Organização das Nações Unidas (ONU), estima-se que a água utilizada para o consumo humano ou doméstico (alimentação, asseio pessoal, limpeza da casa e dos utensílios ou roupas, lavagem de automóveis, irrigação de jardins) é de aproximadamente 110 litros de água por dia, embora esse valor possa ser alterado caso as instalações hidráulicas (torneiras, chuveiros, peças sanitárias, entre outras) não estejam adequadamente instaladas, gerando vazamentos.

A UNESCO, em seu relatório mundial sobre Desenvolvimento de Recursos Hídricos (WWDR4), relata que os investimentos com infraestruturas sanitárias não seguem o ritmo do crescimento populacional, pois até 2050 está previsto atingirmos 6.300 bilhões de pessoas no planeta, por isso haverá necessidade de aumentar o fornecimento de alimentos em 70%, o que provocará uma demanda de 19% a mais de água no setor agrícola.

Para atender o aumento da demanda, tem-se cada vez mais utilizado águas subterrâneas, triplicando a utilização desse recurso nos últimos 50 anos. No entanto, algumas dessas fontes não renováveis têm alcançado níveis críticos.

Alguns países têm usado como alternativa de disponibilidade hídrica a compra de terras férteis fora da sua jurisdição, em particular na África, onde essa compra já tinha ultrapassado os 20 milhões de hectares em 2009, e atualmente está em mais de 70 milhões. Nesses acordos firmados entre países, o abastecimento de água não é mencionado explicitamente.

As catástrofes naturais, como furacões, enchentes, terremotos e queimadas, oferecem riscos relacionados à água, podendo afetar a produção agrícola do sul da Ásia e da África, por exemplo, devido às mudanças climáticas esperadas até 2030, e no centro e sul da Europa, onde pode ocorrer um estresse hídrico que afetará 44 milhões de pessoas. A falta de investimento em infraestrutura dos setores públicos e privados, também pode afetar o acesso à água, principalmente em regiões mais carentes, o que acarreta em menores oportunidades de vida.

Arindambanerjee/Shutterstock.com

Figura 3.5 – Segundo dados da UNESCO, 1 bilhão de pessoas no mundo não têm acesso à água potável. Mais de 80% das águas fornecidas não são coletadas, nem tratadas.

3.1.3 Usos da água no Brasil

A Lei nº 9.333/90 prevê a gestão dos recursos hídricos para múltiplos usos das águas. Portanto, todos os usuários, dos diversos setores, tem igual oportunidade de acesso aos recursos hídricos, à exceção, de acordo com a Política Nacional, em período de escassez. Nesse caso, usos prioritários da água passam a ser para consumo humano e dessedentação de animais.

O conflito por uso da água aumentou em função do aumento de demanda, e a ANA tem o papel de mediar os conflitos no Brasil nos setores elétricos, hidroviário, saneamento, turismo e irrigação, além de prevenir ou minimizar os efeitos de secas e inundações, por meio de sua Sala de Situação.

O Gráfico 3.1 mostra a vazão retirada e consumida de água para os usos múltiplos: urbano, rural, animal, irrigação e industrial. Veja que de 2006 para 2010, houve um acréscimo de cerca de 30% de vazão retirada (de 1.842 m³/s em 2006 para 2.373 m³/s em 2010), quanto à vazão consumida e passou-se de 986 m³/s para 1.161 m³/s de 2006 para 2010. Perceba que foi retirado quase o dobro de água para atender a demanda, e que esse volume poderia ser reduzido, com ações de conscientização realizadas por meio de educação ambiental e por processos de tratamento mais eficientes, em que fosse possível diminuir as perdas.

Gráfico 3.1 – Relação entre a vazão retirada de água do manancial e a vazão consumida

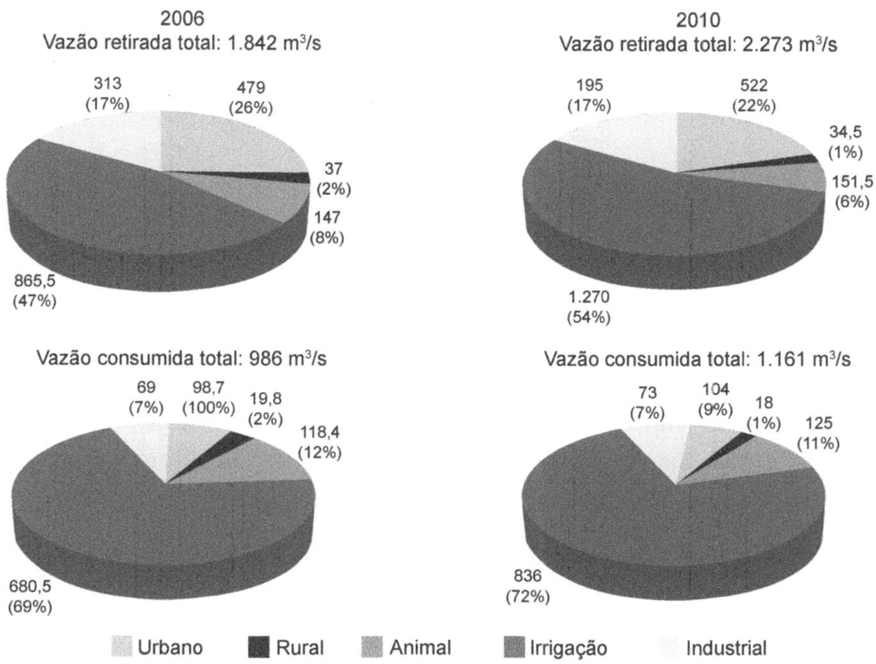

Fonte: MASPS – Fonte: Relatório Conjuntura 2013 – ANA.

Neste capítulo, serão abordados dois usos: o abastecimento de água e o saneamento, para possibilitar o melhor entendimento ao objetivo do curso de tratamento de água e efluentes.

3.1.4 Abastecimento público

Neste item serão abordados os mananciais utilizados para abastecimento público nas cidades brasileiras que fornecem água para um grande número de municípios ou os que possuem vazões expressivas.

O rio São Francisco, um dos principais mananciais brasileiros, fornece água para 128 sedes urbanas em cinco estados (Minas Gerais, Bahia, Pernambuco, Alagoas e Sergipe). O Paraíba do Sul abastece 36 municípios (nove na Região Metropolitana do Rio de Janeiro e 27 ao longo de seu curso nos estados de São Paulo e Rio de Janeiro).

Já o rio Piracicaba e o conjunto de represas dos seus afluentes, composto por Jaguari, Jacareí, Atibaia, Atibainha, Cachoeira e Camanducaia, compõem o Sistema Cantareira, que fornece água para 29 cidades no estado de São Paulo, atendendo cerca de metade da população da Região Metropolitana de São Paulo.

Além do Sistema Cantareira, outros dois são também expressivos, os formados pelas represas Guarapiranga, Billings e Braço do Rio Grande, cujos afluentes estão no rio Pinheiros, e os formados pelas represas Paraitinga, Biritiba-Mirim, Ponte Nova, Jundiaí e Taiaçupeba, afluentes do Alto Tietê.

Os Gráficos 3.2 e 3.3 mostram os demais sistemas de abastecimento que atendem aos critérios do grande número de cidades abastecidas ou vazões expressivas.

Gráfico 3.2 – Sedes urbanas abastecidas por mananciais

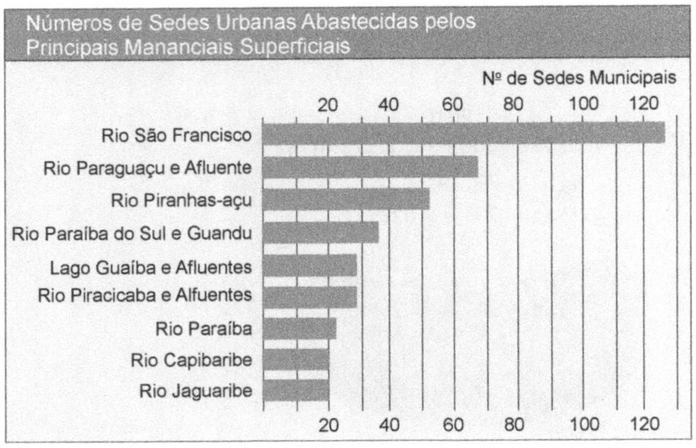

Gráfico 3.3 – Vazões fornecidas por mananciais superficiais

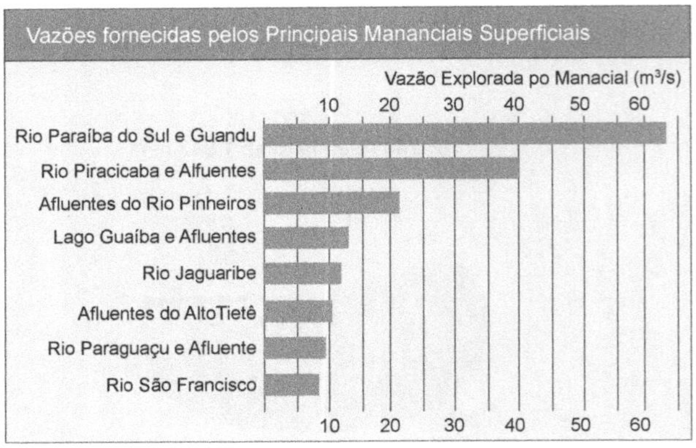

Fonte: Agência Nacional de Águas (ANA). *Atlas Brasil: Panorama Nacional – Volume 1*. Brasília, DF, 2010.

A Política Nacional de Recursos Hídricos, em seu Artigo 1º, define seus fundamentos da seguinte maneira: "I – recurso natural limitado, dotado de valor econômico; [...] III – em situações de escassez, o uso prioritário dos recursos hídricos é o consumo humano e a dessedentação de animais; IV – a gestão dos recursos hídricos deve sempre proporcionar o uso múltiplo das águas".

Nesse sentido, foram definidos programas e ações para garantir o uso da água de forma eficiente para seus diversos usos no âmbito Municipal, Estadual e Federal.

3.1.5 Sistema de coleta e tratamento dos esgotos sanitários

Os sistemas de coleta e tratamento dos esgotos são formados por redes de coleta e transporte de esgotos (coletores, interceptores e emissários), estações elevatórias, estações de tratamento e disposição de efluentes e lodo.

A cobertura de rede coletora de esgotos sanitários e o tratamento de esgotos no Brasil, de acordo com o Mapa 3.1, mostra que o Brasil não tem uma boa cobertura de serviços de esgotos, visto que a região mais favorecida com esse serviço é a região Sudeste, com índices superiores a 70%.

Para promover o saneamento, são analisados alguns dados, como: quantidade de consumo de água utilizada para alimentação, higiene e limpeza das residências; a mesma quantidade de água é calculada para esgoto, só que, nesse caso, a água é disponibilizada para o meio ambiente contendo dejetos, detergentes e outros poluentes. De acordo com os estudos da ANA, cada pessoa consome, por dia, de 150 a 200 litros de água para suas necessidades básicas e produz cerca de 1 kg de lixo doméstico. Esses valores são estimados para as regiões que são atendidas com água e esgoto, conforme apresentado no Gráfico 3.4.

Lembre-se

Saneamento básico

A Lei nº 11.445/07, conhecida como Política Nacional do Saneamento, define saneamento básico como "o conjunto de serviços, infraestruturas e instalações de abastecimento de água, esgotamento sanitário, limpeza urbana e manejo de resíduos sólidos e drenagem de águas pluviais urbanas".

Mapa 3.1 – Cobertura dos serviços de coleta e tratamento de esgotos no Brasil

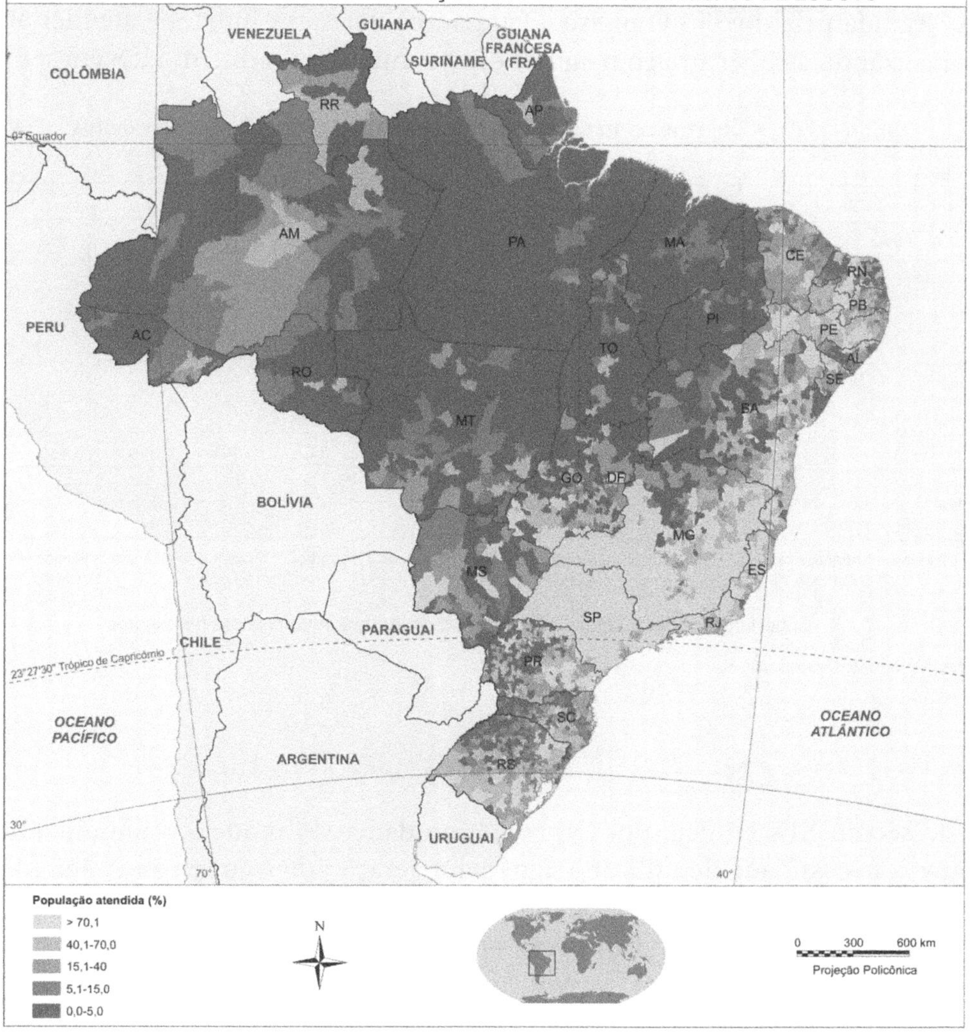

Fique de olho!

Práticas sustentáveis nas bacias hidrográficas

Para ocorrer desenvolvimento sustentável em uma bacia hidrográfica, é necessário definir ações e práticas que permitam utilizar a água em seus múltiplos usos, sem prejudicar a população ou trazer impactos, como poluição do solo, da água e do ar, a extinção das espécies, o aquecimento global, o efeito estufa, o desmatamento, as queimadas, entre outros.

Em 2000, a Organização das Nações Unidas (ONU) definiu as metas do milênio visando à redução da pobreza, o aumento do acesso à água potável e os serviços de saneamento. Essas metas foram consolidadas na Rio+10, em 2002, e discutidas na 3ª Conferência Mundial da Água, em Kyoto, em 2003, e na 4ª Conferência Mundial da Água, no México, em março de 2006.

A meta estabelecida para 2015 almeja reduzir pela metade o número de pessoas sem água potável e saneamento básico.

Para definir prioridades nos usos da água, foi estabelecida a Política Nacional de Resíduos Hídricos (Lei das Águas), além da criação do Sistema Nacional de Gerenciamento de Recursos Hídricos, que definiu cinco instrumentos de gestão das águas nas bacias hidrográficas. São eles: Sistema de Informações sobre Recursos Hídricos, Planos de Recursos Hídricos, Enquadramento dos Corpos d'água em Classes, Usos Preponderantes da Água, Outorga dos Direitos de Uso de Recursos Hídricos e Cobrança de Recursos Hídricos.

Vários programas foram implantados para aumentar a disponibilidade de água para abastecimento urbano e afastamento e tratamento de esgoto, de acordo com a Pesquisa Nacional de Saneamento Básico (PNSB), de 2010.

O Gráfico 3.4 mostra o atendimento da população no Brasil quanto à cobertura de água e esgoto, por região hidrográfica. Note que a bacia hidrográfica com maior cobertura de água e esgoto é a do Paraná, seguida pela do São Francisco. Para aumentar esses índices e atender ao objetivo do milênio, universalizando a cobertura com água e esgoto, muito investimento deverá ser feito.

Gráfico 3.4 – Cobertura com abastecimento público e rede coletora de esgotos

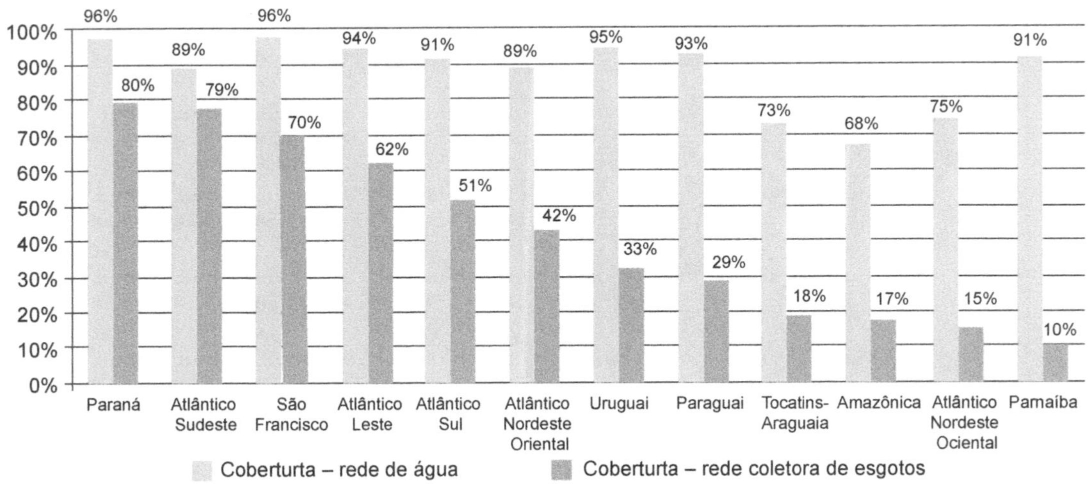

Fonte: ANA. *Relatório de Conjuntura*, 2013.

3.2 Histórico da legislação hídrica no Brasil

No fim do século XIX e início do XX, com a mudança do modelo econômico agrário para o industrial, houve a necessidade de utilizar a água para geração de riquezas por meio da energia elétrica. Nessa época, era comum as pessoas entenderem que o progresso estava vinculado às saídas de fumaça das chaminés das indústrias. Com isso, alterou-se o conceito de propriedade da água e do seu uso para priorizar a energia elétrica. Surgiu, assim, o Código de Águas Brasileiro.

3.2.1 Código das águas

O Decreto nº 24.643, de 10 de julho de 1934, aprovou o Código de Águas Brasileiro com o objetivo de regularizar a utilização do recurso hídrico para geração de energia elétrica, reduzindo a área dos proprietários rurais e mudando os conceitos referentes ao uso e à propriedade da água. Como consequência disso, houve a promoção de mudanças econômicas e sociais, o que abriu espaço para a Política Nacional de Gestão de Águas.

3.2.2 Lei Estadual nº 7.663 – Política Estadual de Recursos Hídricos

Em 1991, o estado de São Paulo instituiu a Política Estadual de Recursos Hídricos e o Sistema Integrado de Gerenciamento de Recursos Hídricos, em que foram definidos os princípios básicos para o sistema: descentralização, integração e participação no gerenciamento dos recursos hídricos cuja unidade gestora é a bacia hidrográfica e a água é reconhecida com valor econômico.

3.2.3 Lei nº 9.433/97 – Política Nacional de Recursos Hídricos

Essa lei cria o Sistema Nacional de Gerenciamento de Recursos Hídricos e valoriza a água por meio de seu Artigo 1º, incisos I e II, determinando que:

> I – a água é um bem de domínio público;
>
> II – a água é um recurso natural limitado, dotado de valor econômico;
>
> III – em situações de escassez, o uso prioritário dos recursos hídricos é o consumo humano e a dessedentação de animais;
>
> IV – a gestão dos recursos hídricos deve sempre proporcionar o uso múltiplo das águas;
>
> V – a bacia hidrográfica é a unidade territorial para implementação da Política Nacional de Recursos Hídricos e atuação do Sistema Nacional de Gerenciamento de Recursos Hídricos;
>
> VI – a gestão dos recursos hídricos deve ser descentralizada e contar com a participação do Poder Público, dos usuários e das comunidades.

O sistema de gestão utiliza como instrumentos: Plano de Recursos Hídricos, Outorga de Direito de Usos das Águas, Cobrança pelo Uso da Água, Enquadramento dos Corpos d'Água e Sistemas de Informações sobre Recursos Hídricos.

As decisões sobre o uso dos recursos hídricos tem como referência o modelo francês, cujas decisões sobre os usos dos rios são tomadas pelos Comitês de Bacias Hidrográficas, cuja composição dos representantes da sociedade civil, do estado e do município é dividida de forma igualitária em um terço dos votos.

A Lei nº 11.445/07 atribuí ao Ministério das Cidades a responsabilidade da elaboração do Plano Nacional de Saneamento Básico (PNSB), com o objetivo de controlar fatores que afetam o ambiente físico, que trazem prejuízos à saúde e que, portanto, limitam o desenvolvimento da população.

O parágrafo 1º da Lei nº 11.445 estabelece diretrizes nacionais para o saneamento. São elas:

a) objetivos e metas nacionais e regionalizadas, de curto, médio e longo prazos, para a universalização dos serviços de saneamento básico e o alcance de níveis crescentes de saneamento básico no território nacional;

b) diretrizes e orientações para o equacionamento dos condicionantes de natureza político-institucional, legal e jurídica, econômico-financeira, administrativa, cultural e tecnológica com impacto na consecução das metas e objetivos estabelecidos;

c) proposição de programas, projetos e ações necessários para atingir os objetivos e as metas da Política Federal de Saneamento Básico, com identificação das respectivas fontes de financiamento;

d) diretrizes para o planejamento das ações de saneamento básico em áreas de especial interesse turístico;

e) procedimentos para a avaliação sistemática da eficiência e eficácia das ações executadas.

No parágrafo 1º, o PNSB deve:

> Abranger o abastecimento de água, o esgotamento sanitário, o manejo de resíduos sólidos e o manejo de águas pluviais e outras ações de saneamento básico de interesse para a melhoria da salubridade ambiental, incluindo o provimento de banheiros e unidade hidrossanitárias para populações de baixa renda. Além disso, os planos do PNSB devem ser elaborados comum horizonte de 20 anos, avaliados anualmente e revisados a cada 4 anos.

Amplie seus conhecimentos

Para entender um pouco mais sobre a evolução da legislação ambiental brasileira, leia:

1934 – Decreto nº 24.643: criação do Código de Águas e do Código Florestal, início da legislação ambiental brasileira;

1965 – Código Florestal, Lei nº 4.771: estabeleceu proteção das áreas de preservação permanente;

1967 – Lei da Fauna Silvestre, Lei nº 5.197: classifica como crimes a utilização, perseguição, caça de animais silvestres, caça profissional, comércio de espécies da fauna silvestre e produtos derivados da caça, até a revisão do Código Florestal de 2012.

O objetivo é possibilitar o entendimento das prioridades que foram dadas as atividades no meio ambiente para solucionar os conflitos com os usos dos recursos hídricos.

Essas leis estão disponíveis no Portal do MEC e no site do Ministério do Meio Ambiente, nos links sugeridos:

» Portal do MEC, disponível em: <http://portal.mec.gov.br/secad/arquivos/pdf/educacaoambiental/ealegal.pdf>. Acesso em: 4 jul. 2014.

» Conselho Nacional do Meio Ambiente, disponível em:<http://www.mma.gov.br/port/conama/>. Acesso em: 4 jul. 2014.

» A evolução da legislação ambiental no Brasil, disponível em:<http://www.ambito-juridico.com.br/site/index.php?n_link=revista_artigos_leitura&artigo_id=9169>. Acesso em: 4 jul. 2014.

3.3 Plano Nacional de Recursos Hídricos

Até os anos 1970, a administração de recursos hídricos era específica para o combate de inundações e secas. Nessa época, tinha-se a percepção de que esse recurso era infinito devido a abundância de água no Brasil.

No âmbito internacional, a partir da década de 1970, iniciou-se uma preocupação relativa às questões do meio ambiente na Conferência de Estocolmo, de 1972.

Os principais objetivos desse encontro foram conscientizar a sociedade a melhorar suas relações com o meio ambiente e atender as necessidades da população presente, sem comprometer as gerações futuras, pois, nesse período, ainda se acreditava que esse recurso natural era uma fonte inesgotável. A Conferência de 1972 alertou as 400 instituições governamentais e não governamentais, que representavam os 113 países participantes, quanto à necessidade de mudar a forma de pensar em virtude do secamento de rios e lagos, da formação das ilhas de calor e do efeito de inversão térmica.

Na ocasião, a ONU decidiu lançar a Primeira Conferência Mundial sobre o Homem e o Meio Ambiente. Nesse momento, os Estados Unidos se propuseram a reduzir a poluição na natureza por um período, diminuindo as atividades industriais. No entanto, os países subdesenvolvidos não concordaram em diminuir seus processos industriais.

Os assuntos abordados na conferência serviram para evidenciar a necessidade de controle dos usos dos recursos naturais, uma vez que grande parte desses recursos, além de não serem renováveis, quando retirados em grande quantidade, podem provocar perdas irreversíveis, tendo como consequência o comprometimento das futuras gerações.

A Conferência das Nações Unidas em Mar Del Plata, Argentina, em 1977, acordou que todos tem direito a água potável para atender suas necessidades essenciais.

A preocupação quanto à disponibilidade dos recursos hídricos no que diz respeito à qualidade e à quantidade deu início a gestão integrada por bacia hidrográfica no âmbito Federal.

No cenário internacional, em 1987, foi publicado o relatório Nosso Futuro Comum, da Comissão Mundial do Meio Ambiente e Desenvolvimento (CMMD), a Comissão de Brundtland.

Em 1992, a Conferência de Dublin estabeleceu o princípio da gestão sustentável em função dos problemas relacionados à disponibilidade hídrica para a população.

A ECO-92, no Rio de Janeiro, referendou a Conferência das Nações Unidas sobre Meio Ambiente e Desenvolvimento (Cnumad).

No Brasil, o estabelecimento do Plano Nacional de Recursos Hídricos foi aderente às recomendações da Cúpula de Johannesburgo para o desenvolvimento sustentável (Rio+10), de 2002, que contribuiu para que se atingisse a definição de Metas de Desenvolvimento do Milênio, referente ao tema água.

O Plano Nacional de Recursos Hídricos (PNRH), definido pela Lei nº 9.433/97 estabelece alguns pontos para fazer a gestão das águas, como diretrizes, metas e programas, com a participação e mobilização da sociedade.

O objetivo do plano é "estabelecer um pacto nacional para a definição de diretrizes e políticas voltadas para a melhoria da oferta de água, em quantidade e qualidade, gerenciando as demandas, considerando ser a água um elemento estruturante para a implementação das políticas setoriais sob a ótica do desenvolvimento sustentável e da inclusão social"[1].

Pode-se destacar como objetivo do PNRH: "1) a melhoria das disponibilidades hídricas, superficiais e subterrâneas, em qualidade e quantidade; 2) a redução dos conflitos reais e potenciais de uso da água, bem como dos eventos hidrológicos críticos e 3) a percepção da conservação da água como valor socioambiental relevantes".

O Ministério do Meio Ambiente é responsável pela coordenação do PNRH, porém cabe ao poder público a sua implementação, considerando os usuários da bacia hidrográfica (dos setores de irrigação, abastecimento de água, geração de energia e indústria). Esse plano é revisado periodicamente para atender as necessidades das regiões hidrográficas, de acordo com a situação do momento (enchentes, escassez, desastres naturais ou ambientais, entre outros).

O PNRH é constituído pelos documentos Síntese Executiva; Panorama dos Recursos Hídricos no Brasil, Águas para o Futuro, Diretrizes, Programas e Metas.

A Estrutura do PNRH está representada na Figura 3.6, de acordo com afinidade de temas e a relação orgânico-institucional.

---

[1] O Plano Nacional de Recursos Hídricos (PNRH), definido pela Lei nº 9.433/97

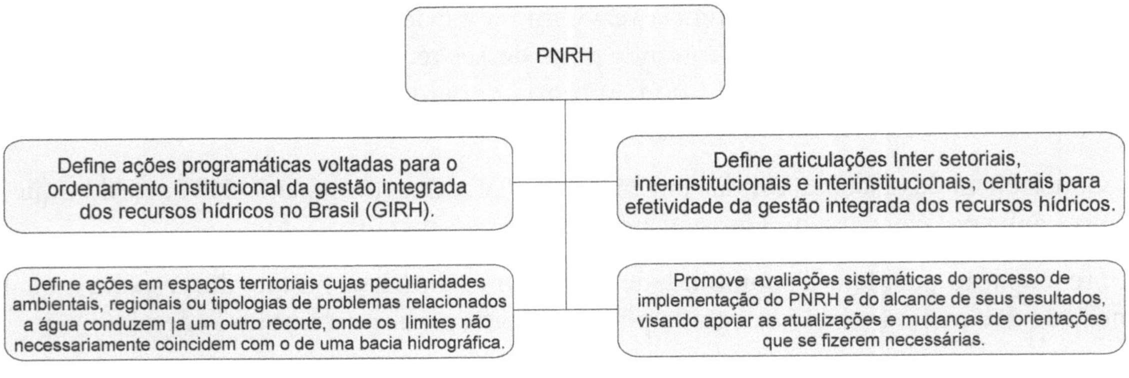

Figura 3.6 – Estrutura do PNRH.

Em 2000 foi criada a Agência Nacional de Águas (ANA), com o objetivo de implantar o Sistema de Gerenciamento Orientado (SIGEOR) para os resultados do PNRH.

A ANA participa da execução da Política Nacional de Recursos Hídricos e apoia os Conselhos Nacional e Estadual de Recursos Hídricos e os Comitês de Bacias Hidrográficas, fornecendo subsídio técnico para a implantação das políticas.

No Programa VI - Programa de Usos Múltiplos e Gestão Integrada de Recursos Hídricos do PNRH, para a revitalização da bacia hidrográfica, são estabelecidos vínculos da Política Nacional de Recursos Hídricos, com as diretrizes da Política Nacional de Meio Ambiente, Lei nº 6.938/1981, e a Política Nacional de Mudança do Clima, Lei nº 12.187/2009, além de buscar coerência com outras políticas nacionais.

Amplie seus conhecimentos

Água virtual

É considerada água virtual a quantidade de água envolvida em todo o processo de fabricação de um determinado produto. De acordo com o Conselho Mundial da Água (CMA), cada quilo de pão utiliza cerca de 150 L de água para ser produzido. Para cada quilo de batata, são utilizados de 20 a 100 L de água. A carne de boi consome de 13,5 a 20,7 mil L de água para cada 1 kg.

Para saber mais acesse:

"A água que você não vê". Disponível em: <http://planetasustentavel.abril.com.br/download/stand2-painel4-agua-virtual.pdf>.

"Setores industrial e agropecuário são campeões no consumo de água". Disponível em: <http://www.akatu.org.br/Temas/Cadeias-Produtivas/Posts/Setores-industrial-e-agropecuario-sao-campeoes-no-consumo-de-agua>. Acesso em: 25 jul. 2014.

1 L de leite consome 712,5 L de água

1 kg de queijo consome 5.280 L de água

1 kg de batata consome 132,5 L de água

1 kg de carne de boi consome 17.100 L de água

Figura 3.7 – Quantidade de água disponível no leite, queijo, batata e carne.

3.4 Conflitos quanto aos usos múltiplos da água

As reservas dos recursos hídricos estão limitadas; portanto, é cada vez mais necessário implementar políticas de recursos hídricos restritivas, além de estabelecer mudanças de hábitos e postura com relação aos usos da água.

A Lei nº 9.433/97 define que em situações de estresse hídrico ou de escassez, deve-se priorizar o abastecimento público e a dessedentação de animais, porém colocar em prática a legislação não é uma decisão tão simples, ainda mais quando a decisão por um uso pode prejudicar a população, gerando desemprego em função da ausência do recurso disponível para o desenvolvimento econômico. Em condições como essa, o conflito está instalado.

Além disso, existem bacias hídricas divididas para mais de um país. Calcula-se que 40% da população mundial está nessa condição.

Os conflitos internacionais referentes à água têm surgido em várias regiões, principalmente em função de atitudes advindas de países localizados na parte superior da bacia, que constroem reservatórios, limitando a quantidade do volume de água a jusante da bacia. Além disso, eles também poluem os corpos d'água, comprometendo a qualidade e/ou qualidade da água nos países situados na parte inferior da bacia. Esse conflito aumenta na medida em que a água que envolve os países torna-se escassa. No golfo Pérsico, por exemplo, as ameaças à paz surgem não só pelas disputas pelo petróleo, mas também com relação à água.

Exemplo

Para exemplificar a dificuldade da gestão dos recursos hídricos, tem-se:

A bacia hidrográfica do rio Amazonas, segundo a ANA, ocupa uma área total de 6.11.000 km^2, desde suas nascentes, nos Andes Peruanos, até sua foz, no oceano Atlântico (na região norte do Brasil), estendendo-se pelos países da América do Sul: Brasil (63%), Peru (17%), Bolívia (11%), Colômbia (5,8%), Equador (2,2%), Venezuela (0,7%) e Guiana (0,2%).

Nesse caso, é necessário estabelecer um comitê para definir os usos da água quanto a sua retirada da bacia hidrográfica para garantir qualidade e quantidade para todos os países.

O Brasil, apesar de possuir uma das maiores reserva de água, precisou estabelecer a Lei nº 9.433/97, que, por meio da Política Nacional de Recursos Hídricos, definiu alguns instrumentos de gestão, tais como: o plano de recursos hídricos, a outorga de uso, o enquadramento, os sistemas de informação e a cobrança pelo uso. No entanto, de forma geral, a efetivação dessa política tem se dado de forma muito lenta no País, visto que a qualidade das águas dos rios, que não tem melhorado, comprova essa lentidão.

Nesse cenário de conflito, em que a demanda dos usuários e a necessidade de redução da quantidade e da qualidade da água tem sido cada vez mais acirradas, como forma de solução foi estabelecido um conjunto de ações definidas por trecho do rio, de tal forma que atenda as demandas prioritárias com o objetivo de diminuir ou minimizar o conflito.

Em 1990, ocorreu a primeira alocação de água no País, no estado do Ceará, pela Companhia de Gestão dos Recursos Hídricos, em parceria com a Secretaria de Recursos Hídricos do estado e o Departamento Nacional de Obras contra as Secas. Na época, o reservatório em estresse hídrico foi o destinado para o abastecimento humano, à dessedentação de animal e à irrigação.

Para a alocação dos recursos hídricos, dentre tantas etapas, destacam-se:

- apresentação do problema para a sociedade de forma clara, com objetivos bem definidos e a importância dessa ação;
- o cadastramento dos usuários da água do reservatório ou curso d'água, objeto do estudo com metas para sua utilização, a localização e as necessidades hídricas mensais, além da finalidade de uso, entre outros;
- a obtenção dos dados relacionados com o estresse hídrico, a definição dos órgãos envolvidos, a definição de cenários para a solução, incluindo obtenção de equipamentos e sistemas de monitoramento de quantidade e qualidade da água; também são utilizados modelos hidráulicos para simular o comportamento do reservatório, considerando os usos dos usuários e possíveis ocorrências de chuva;
- as entidades da sociedade civil são comunicadas da situação do reservatório ou curso d'água, seus principais riscos e as cotas para cada tipo de uso; para essas ações, celebrou-se o "Pacto de Alocação", com período definido, e a instituição de uma Comissão Gestora de Reservatório para acompanhar as ações do pacto.

Fique de olho!

A outorga tem por objetivo assegurar o controle da quantidade e da qualidade acordada para usos da água, seja ela superficial ou subterrânea. O outorgado recebe o direito ao uso do recurso hídrico por um prazo determinado e com termos e condições específicas para seu uso.

Fonte: Plano Nacional dos Recursos Hídricos.

3.5 Cobrança pelo uso da água

O Código das Águas de 1934 foi o primeiro dispositivo legal para possibilitar a cobrança pelo uso da água em seu Artigo 36, parágrafo 2º: "o uso comum das águas pode ser gratuito ou retribuído, conforme as leis e regulamentos a que pertencem", e no Artigo 43: "as águas públicas não podem ser derivadas para as aplicações da agricultura, indústria e higiene, sem a existência de concessão administrativa, que será dispensada, todavia na hipótese de derivações insignificantes."

"Quanto ao uso da água para aproveitamento industrial das quedas de água e outras fontes de energia hidráulica, quer do domínio público particular, far-se-á pelo regime de autorizações e concessões instituído neste código".

A Lei nº 9.433 dispõe sobre a cobrança pelo uso de recursos hídricos com os seguintes objetivos:

I - dar ao usuário uma indicação do real valor da água;

II - incentivar o uso racional da água; e

III - obter recursos financeiros para recuperação das bacias hidrográfica do País.

A cobrança pelo uso da água é um preço fixado por meio de um pacto entre os usuários de água, sociedade civil e o poder público no Comitê de Bacia Hidrográfica. Os recursos arrecadados são destinados à recuperação das bacias hidrográficas onde são gerados.

De acordo com Lei nº 9.984/00, compete a ANA a arrecadação e o repasse dos valores arrecadados pelo uso da água. As agências das bacias ou entidades delegadas são responsáveis pelo repasse dos recursos arrecadados com a Cobrança nas ações previstas no Plano de Recursos Hídricos.

Amplie seus conhecimentos

Você pode ampliar seu estudo e conhecer mais sobre a história da legislação referente à cobrança sobre o uso da água, lendo as seguintes legislações:

» Decreto nº 7.402, de 22 de dezembro de 2010, que retrata o pagamento ou autorização para exploração de potencial hidráulico.

» Resolução nº 308, de 06 de agosto de 2007, que retrata os procedimentos de arrecadação das receitas originadas pela cobrança do uso de recursos hídricos em corpos d´água de domínio da União.

» Resolução nº 048, de 21 de março de 2005, que estabelece critérios gerais para a cobrança pelo uso dos Recursos Hídricos.

» Lei nº 10.881, de 09 de junho de 2004, que dispõe sobre os contratos de gestão entre a ANA e as entidades de Agências de Águas relacionadas à gestão de Recursos Hídricos de domínio da União.

» Lei nº 9.984, de 17 de julho de 2000, que retrata a criação da ANA, entidade federal de implementação da Política Nacional de Recursos Hídricos e de coordenação do SINGREH.

» Lei nº 9.433, de 8 de janeiro de 1997, que institui a Política Nacional de Recursos Hídricos, cria o SINGREH, regulamenta o inciso XIX do Art. 21 da Constituição Federal, e altera o Art. 1º da Lei nº 8.001/90, que modificou a Lei nº 7.990/89.

» Decreto nº 24.643, de 10 de julho de 1934, Decreto do Código das Águas, primeiro dispositivo que permite ao poder público controlar e incentivar o aproveitamento indústria das águas.

Para saber mais, acesse: <http://www.planalto.gov.br/ccivil_03/_Ato2007-2010/2010/Decreto/D7402.htm>. Acesso em: 25 jul. 2014

<http://www.agenciapcj.org.br/novo/images/stories/gestao/Res-ANA-308-07.pdf>.

<http://www.aesa.pb.gov.br/legislacao/resolucoes/cnrh/48_05_criterios_gerais_cobranca.pdf>.

<http://www.planalto.gov.br/ccivil_03/_ato2004-2006/2004/lei/l10.881.htm>.

<http://www.planalto.gov.br/ccivil_03/leis/l9984.htm>.

<http://www.planalto.gov.br/ccivil_03/leis/l9433.htm>.

<http://www.planalto.gov.br/ccivil_03/decreto/D24643.htm>. Acessos em: 25 jul. 2014.

Vamos recapitular?

Os recursos hídricos são utilizados para os diversos fins: abastecimento da população, dessedentação de animais, irrigação, geração de energia, transporte de materiais e produtos, recreação, entre outros.

Os recursos hídricos são recursos naturais finitos e devem ser usados de forma consciente para garantir a disponibilidade hídrica para as futuras gerações.

Mais de 1 bilhão de pessoas não tem acesso a água para suas necessidades pessoais; o Brasil tem 12% da disponibilidade hídrica no mundo, porém a sua distribuição não é homogênea. Logo, em algumas regiões, a oferta de água não atende à demanda. Para aumentar a disponibilidade hídrica, são utilizadas águas superficiais e subterrâneas. As águas subterrâneas também estão sendo utilizadas de forma indiscriminadas e em algumas regiões já há escassez desse recurso.

Agora é com você!

1) Pesquise em livros, revistas e jornais: a região onde você reside pertence a qual bacia hidrográfica?
2) Qual a disponibilidade hídrica para os seguintes fins: abastecimento público e cobertura de esgotos?
3) Dê três exemplos de usos consuntivos que você utiliza quando sai com seus amigos e/ou parentes nos finais de semana.
4) Discuta com seus colegas a evolução da legislação voltada a cobrança pelo uso da água.
5) Com base no exercício 4, dê três sugestões prioritárias para utilizar o recurso financeiro gerado pela cobrança da água.

4

Qualidade das Águas

Para começar

No presente capítulo, serão abordados os seguintes temas: como são definidos os padrões de qualidade da água, os indicadores de qualidade e os principais impactos ambientais provocados pela ação humana.

A seleção dos parâmetros físicos, químicos e biológicos possibilitará identificar as principais atividades desenvolvidas nos trechos específicos de monitoramento.

Ao final desse estudo, será possível concluir que a alteração dos índices dos parâmetros físicos, químicos e biológicos compromete a qualidade e a quantidade de água, limitando seu uso e podendo provocar, em alguns casos, a extinção de algumas espécies em função do desequilíbrio da flora e fauna.

Também será tratado o tema da água de reúso, que pode ser uma alternativa de utilização para fins menos nobres, permitindo a ampliação de sua disponibilidade para atividades cuja exigência de qualidade precisa ser maior.

A água é fundamental para a existência dos seres vivos, pois sem ela não haveria vida. Utilizamos a água para diversas atividades, como abastecimento humano, agricultura, indústria, recreação, entre outros.

Além disso, ela é um solvente natural capaz de transportar impurezas e diluir lançamentos que, porventura, são lançados no meio ambiente.

Para cada finalidade do uso da água, têm-se exigências de padrões diferentes e esse padrão é definido pela quantidade e qualidade de água disponível. Quando sem interferência humana, a água pode receber contribuições provenientes das alterações naturais do meio ambiente, como o desgaste do leito das rochas, que ocorre por meio de processos atmosféricos de evapotranspiração e de deposição de poeira e sal pelo vento, pela lixiviação natural de matéria orgânica e nutrientes do solo, por fatores hidrológicos, que levam à drenagem e pela ação dos organismos biológicos nos ambiente aquático, que podem alterar a composição química e física da água.

Deve-se considerar que a interferência humana pode alterar a composição da água com substâncias cujo grau de dificuldade de remoção é superior ao de substâncias provenientes da decomposição natural do meio ambiente, o que faz com que seja necessária a utilização de técnicas de tratamento cada vez mais avançadas para que seja possível retornar à qualidade da água inicial.

Figura 4.1 - O carreamento das impurezas dos lançamentos no corpo receptor altera as características e a composição da água, podendo provocar alteração na fauna e flora e consequentemente no equilíbrio do meio ambiente, causando poluição e restrição do uso da água.

Pode-se afirmar que a qualidade da água é resultado das condições naturais e das atividades desenvolvidas na bacia hidrográfica ou num trecho do rio em estudo.

A qualidade das águas, definida como condição natural, é resultado de certas alterações na bacia, tais como: escoamento superficial, infiltração no solo, contribuições das precipitações atmosféricas, em que são incorporados sólidos em suspensão (partículas do solo) ou dissolvidos (os íons dissolvidos da rocha), além das contribuições das matas e florestas que, em contato com o solo e com a água, podem produzir ácidos húmicos devido à sua decomposição.

A qualidade das águas superficiais e subterrâneas é medida com o objetivo de definir o seu uso em função do monitoramento das características físicas e químicas que a compõe. O resultado dessa caracterização possibilita definir as ações que deverão ser implantadas para garantir a manutenção do corpo d'água em estudo.

No Brasil, devido à sua dimensão territorial, há ausência de monitoramento em relação à qualidade das águas em algumas redes estaduais, o que compromete a composição dos dados para o monitoramento do País.

Figura 4.2 - A interferência humana altera a qualidade da água, com lançamentos de esgotos domésticos ou industriais, aplicação de defensivos agrícolas no solo e desmatamento que altera as condições climáticas e as características da composição da água.

Com relação à qualidade das águas subterrâneas, não há uma rede de monitoramento nacional, o que faz com que as principais fontes de informação sejam obtidas de maneira pontual.

A qualidade da água em função do desenvolvimento de novas tecnologias, para os processos industriais e a aplicação de produtos químicos na agricultura para evitar a proliferação de insetos e pragas, comprometem o desenvolvimento dos alimentos.

4.1 Atividades humanas que afetam a qualidade das águas

Manter a qualidade da água dentro dos limites naturais é essencial para a manutenção da diversidade e abundância das comunidades de organismos vivos.

Existem padrões de exigências de qualidade da água tanto para o consumo humano, quanto para outras áreas, como recreação, agricultura, indústria, entre outros. As alterações nos parâmetros de qualidade podem ser diversas, dentre as quais destacam-se sedimentos, nutrientes, temperaturas, níveis de oxigênio dissolvido, pH, ocorrências de produtos naturais ou sintéticos (óleo, graxas, pesticidas, metais pesados, mercúrio, hidrocarbonetos aromáticos policíclicos (PAHs) e bifenis policlorados (PCBs)), que podem causar danos ao meio ambiente, à vida aquática e aos animais, além das pessoas que dependem do recurso hídrico.

Durante a Revolução Industrial, no século XX, houve um surto de febre tifoide e cólera; como medida de mitigação, foram instaladas redes de esgoto e sistema de abastecimento de água, porém, com o crescimento desordenado da população, principalmente nas áreas urbanas, não foi possível atender satisfatoriamente a todos, com cobertura de coleta de esgotos e tratamento de água potável.

Desde 1940, quando houve a produção de substâncias químicas sintéticas utilizadas na indústria e na agricultura, têm ocorrido alterações significativas na qualidade da água no mundo.

Há vários fatores que alteram a qualidade da água, reduzindo, inclusive, a sua quantidade. A Tabela 4.1 mostra a relação entre atividade humana por setor econômico e as consequências dessas atividades que causam impactos ambientais nos ecossistemas aquáticos.

Tabela 4.1 – Relação entre a atividade humana e meio ambiente

Consequências	Sedimentação	Eutrofização	Poluição térmica	Oxigênio dissolvido	Acidificação	Contaminação por microrganismos	Salinização	Contaminação por metais pesados	Mercúrio	Toxinas não metálicas	Pesticidas	Hidrocarbonetos	Redução de micronutrientes
Setor													
Agricultura	X	X	X			X	X	X			X		
Uso urbano	X	X	X	X		X	X	X			X	X	
Silvicultura	X	X	X								X		
Geração de energia hidroelétrica e estocagem de água	X	X	X	X					X				X
Mineração	X	X	X	X	X			X		X			
Indústrias	X	X	X	X	X		X	X	X	X		X	

Fonte: UNEP (GEMS), 2008, Qualidade da Água para o Ecossistema e o Bem-Estar Humano, p.56.

4.1.1 Outras atividades humanas que provocam impactos ambientais

Podemos destacar ainda outras contribuições provocadas pela prática humana que aceleram os impactos ambientais:

4.1.1.1 Desmatamento de florestas

O desmatamento provoca destruição da biodiversidade, erosão e empobrecimento do solo, diminuição dos índices pluviométricos, enchentes e assoreamento dos rios, elevação das temperaturas, desertificação e proliferação de pragas e doenças.

4.1.1.2 Poluição com agrotóxicos

Conforme mencionado anteriormente, a Revolução Industrial desenvolveu muitas substâncias químicas que afetam também o meio ambiente, causando desequilíbrio na cadeia alimentar, favorecendo a proliferação de insetos e pragas e desaparecimento de predadores naturais.

4.1.1.3 Erosão e sedimentação

A erosão é um processo semelhante à "quebra, rachadura" do solo, em que há o arraste das partículas do solo e dos sedimentos pela água ou pelo vento. Os sedimentos são carreados para a jusante do corpo d'água, mudando significativamente o seu volume, podendo provocar aumento de turbidez na água, diminuição de oxigênio, proliferação de algas e mortandade dos peixes.

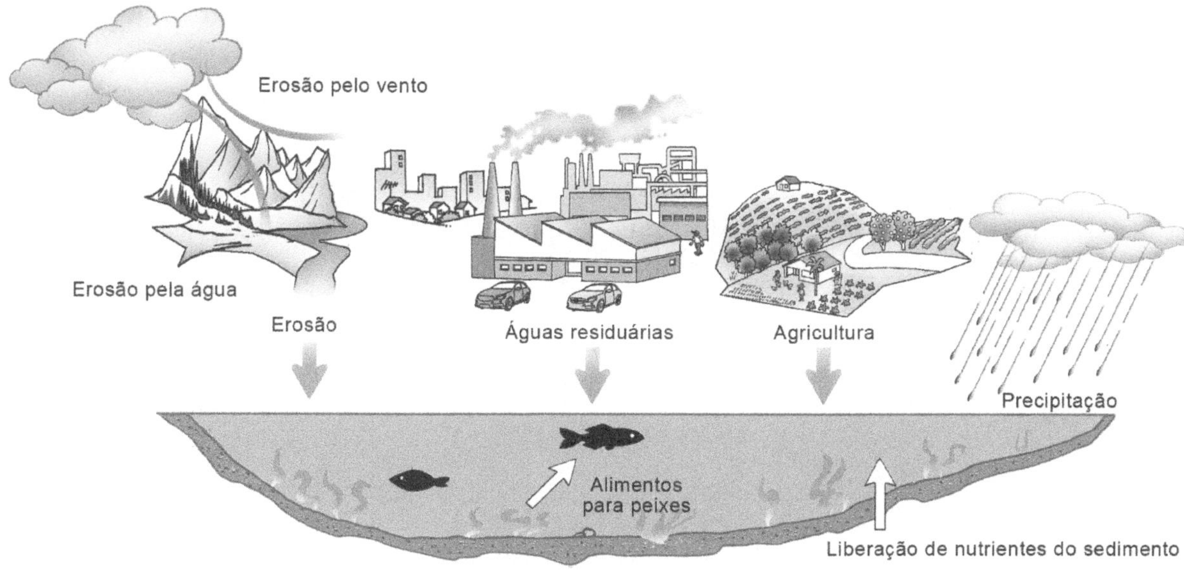

Figura 4.3 – Erosão e carreamento dos sedimentos para o corpo d'água.

4.1.1.4 Efeito estufa

O efeito estufa é causado por um desiquilíbrio na composição atmosférica, provocado pela elevação da concentração dos gases que tem capacidade de absorver calor, metano, CFCs e principalmente CO_2. A elevação da concentração de CO_2 deve-se ao aumento da queima de combustíveis fósseis e das florestas.

4.1.1.5 Acidificação – chuva ácida

A acidez pode ocorrer pela decomposição da matéria orgânica no fundo do corpo d'água ou por chuva ácida provocada pela poluição do ar, consequência do lançamento do dióxido de carbono (CO_2) e nitrogênio na atmosfera. Esses gases reagem com o hidrogênio presente na atmosfera, formam o vapor em forma de ácido sulfúrico ou ácido nítrico, que retorna a superfície com pH inferior a 6, atingindo as cadeias alimentares, destruindo florestas e lavouras e reagindo com as superfícies metálicas.

4.1.1.6 Contaminação por microrganismos patogênicos

A contaminação de um corpo d'água pode ocorrer por meio de microrganismos que encontram condições físicas e químicas favoráveis ao seu crescimento. Em água limpa, a contaminação é menos provável, porém os organismos patogênicos, como bactérias, protozoários e vírus, estão presentes em águas contaminadas com agentes patogênicos provenientes de fezes humanas ou de animais, segundo relatório "Cuidando da Água" (ANA). Além desses microrganismos, existem ainda os endêmicos, capazes de colonizar novos ambientes; dentre eles, destaca-se a ameba, que pode provocar problemas de saúde e até causar a morte por infecções intestinais.

4.1.1.7 Salinidade

Os organismos de água doce têm pouca resistência à presença de altos níveis de salinidade. A ocorrência de sais na água é proveniente do escoamento agrícola, de terras com alto teor de salinidade, descargas de águas subterrâneas de perfurações de petróleo e gás ou outros tipos de tratamento municipal de água.

4.1.1.8 Outros distúrbios biológicos

Além das espécies endêmicas já mencionadas que alteram as propriedades químicas da água e as cadeias alimentares, existe outra contribuição que causa degradação nas bacias hidrográficas: são as espécies invasoras que chegam transportadas pelas embarcações comerciais ou recreativas que alteram o ciclo dos nutrientes, podendo causar extinção de algumas espécies, como o mexilhão zebra (*Dreissena polymorpha*) e o mexilhão quagga (*Dreissena bugensis*). Essas espécies também causam transtornos na tubulação e nas adutoras, obstruindo-as e bloqueando os canais, o que aumenta o custo com manutenção.

4.1.1.9 Eutrofização

A eutrofização é causada quando os níveis de carga de nutrientes provenientes de lançamentos de esgotos domésticos e industriais atingem altos níveis. Nessas condições, há queda na concentração de oxigênio dissolvido e excesso de floração de algas, prejudicando a qualidade da água para abastecimento e desenvolvimento de plantas flutuantes, como aguapé (*Eichhornia crassipes*) e alface-d'água (*Pistia stratiotes*), e comprometendo a recreação, o uso de embarcações e o funcionamento de turbinas.

A Tabela 4.2 mostra a dinâmica das represas e lagos quanto à possibilidade de alteração do nível trófico, de menos poluído para mais poluído (oligotrófico para eutrófico). A maior parte da matéria orgânica em decomposição está depositada no fundo do corpo d'água, no sedimento, onde há falta de oxigênio, o que favorece a decomposição anaeróbia. A decomposição anaeróbia forma gás metano e sulfídrico com diminuição de pH, gerando, consequentemente, acidez.

Tabela 4.2 – Características dos lagos e represas oligotróficos e eutróficos

Item	Classe de trofia				
	Ultraoligotrófico	Oligotrófico	Mesotrófico	Eutrófico	Hipereutrófico
Biomassa	Bastante baixa	Reduzida	Média	Alta	Bastante alta
Fração de algas verdes e/ou cianofíceas	Baixa	Baixa	Variável	Alta	Bastante alta
Macrófitas	Baixa ou ausente	Baixa	Variável	Alta ou baixa	Baixa
Dinâmica de produção	Bastante baixa	Baixa	Média	Alta	Alta, instável
Dinâmica de oxigênio na camada superior	Normalmente saturado	Normalmente saturado	Variável em torno da supersaturação	Frequentemente supersaturado	Bastante instável, de supersaturação à ausência
Dinâmica de oxigênio na camada inferior	Normalmente saturado	Normalmente saturado	Variável abaixo da saturação	Abaixo da saturação à completa ausência	Bastante instável, de supersaturação à ausência
Prejuízo aos usos múltiplos	Baixo	Baixo	Variável	Alto	Bastante alto

Fonte: Adaptado de Vollenweider (apud Salas e Martino, 1991).

Fique de olho!

O Artigo 1º, da Resolução nº 001/86, do Conselho Nacional do Meio Ambiente (CONAMA), define impacto ambiental como "qualquer alteração das propriedades físicas, químicas e biológicas do meio ambiente, causada por qualquer forma de energia resultante das atividades humanas que afetam diretamente ou indiretamente a saúde, a segurança, o bem-estar da população, as atividades sociais e econômicas, a biota, as condições estéticas e as sanitárias ambientais".

Segundo o biólogo Amaro, os impactos ambientais podem ocorrer em nível local, regional ou global. O exemplo mais comum é a devastação de florestas por queimadas, para desenvolvimento de pastagens. O desiquilíbrio instalado por esse evento altera a diversidade e a quantidade de animais e vegetais de uma determinada área, podendo provocar a extinção de espécies nativas, além de outras consequências, tais como: o empobrecimento do solo, assoreamento dos rios e diminuição na incidência de chuvas. No entanto, deve se considerar a emissão do gás carbônico como resultado da combustão das árvores, colaborando para a emissão dos gases de efeito estufa e, consequentemente, gerando as mudanças climáticas.

A Tabela 4.3 apresenta os principais impactos ambientais por categoria e faz uma correlação com parâmetros físicos, químicos e biológicos que possibilitam o monitoramento da qualidade de água dos corpos d'água.

Tabela 4.3 – Impactos ambientais por categoria

Parâmetros Mínimos da Rede Nacional de Monitoramento da Qualidade das Águas	
Categoria	**Parâmetro**
Físico-química	Condutividade elétrica
	Temperatura do ar e da água
	Turbidez
	Oxigênio dissolvido
	pH
	Sólidos totais dissolvidos, Sólidos em suspensão
	Alcalinidade total
	Cloreto total[1]
	Transparência[2]
	Demanda bioquímica de oxigênio (água doces) ou carbono total (águas salobras e salinas[1])
	Demanda química de oxigênio
Microbiológicos	Coliformes termotolerante
Biológicos	Clorofila a[2]
	Fitoplâncton – qualitativo e quantitativo[2]
Nutrientes	Fósforo (fósforo solúvel reativo, fósforo total)
	Nitrogênio (nitrato, nitrogênio amoniacal, nitrogênio total)

1. Parâmetros específicos para reservatórios da Região 4 da RNMQA e para regiões estuarinas.
2. Parâmetros específicos para ambientes lênticos (reservatórios, lagos, açudes).

4.2 Características da água

No item anterior, foram apresentadas as atividades humanas e suas interferências no meio ambiente. Para verificar as condições dos reservatórios ou dos corpos d'água, é necessário identificar e quantificar os parâmetros físicos, químicos e biológicos para entender, planejar e atuar no meio ambiente, garantindo condições adequadas para manutenção dos recursos hídricos.

Os parâmetros que compõem o monitoramento da qualidade e quantidade da água atendem a legislações no âmbito Municipal, Estadual e Federal, em que é especificada a frequência de coleta e a relação de parâmetros para realização da análise. Para que os resultados possam compor uma base de dados, são atendidos padrões para a realização de coletas e de análises, reconhecidos nacional e internacionalmente por meio de normas e métodos padronizados, permitindo comparações entre laboratórios, assegurando os resultados de análises obtidos e, dessa forma, facilitando a composição de dados de diversos laboratórios para compor as informações de uma bacia hidrográfica ou permitir a avaliação das condições da qualidade da água em níveis mundiais.

Os resultados do monitoramento da qualidade e quantidade da água são fundamentais, pois possibilitam delimitar tendências espaciais e temporais em águas superficiais e subterrâneas.

Para facilitar a compreensão, a Mapa 4.1 mostra a localização espacial da dureza da água. A possibilidade da consolidação dos dados deve-se em função da padronização do processo de amostragem e da realização de análises.

Mapa 4.1 – Dureza da água (mg/L) em estações de monitoramento de água superficial

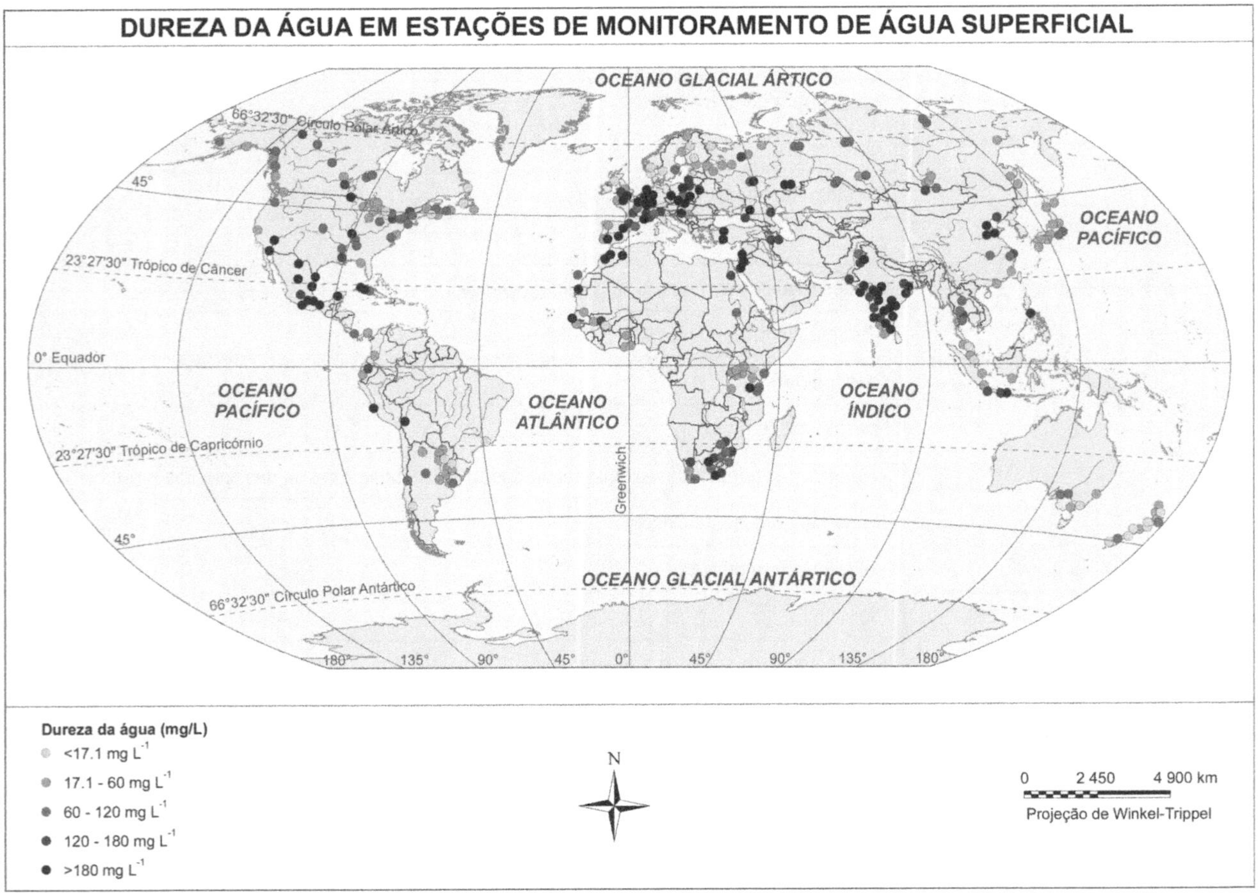

A qualidade da água muda ao longo do tempo, portanto é necessário estabelecer uma rotina de monitoramento para detecção de padrões especiais e mudanças ao logo do tempo. Existe uma quantidade enorme de componentes químicos, físicos e biológicos que afetam a qualidade da água e algumas variáveis fornecem dados que indicam poluição, outras que permitem mapear a origem das fontes de poluição. Um exemplo que pode ilustrar como é feito esse mapeamento é a identificação de metais pesados. Caso eles sejam encontrados na água, pode-se supor que, provavelmente, alguma atividade metalúrgica está sendo desenvolvida próxima ao ponto amostrado ou algum lançamento não autorizado pode ter ocorrido. Nesse sentido, a Figura 4.4 mostra como é feito o planejamento de um monitoramento.

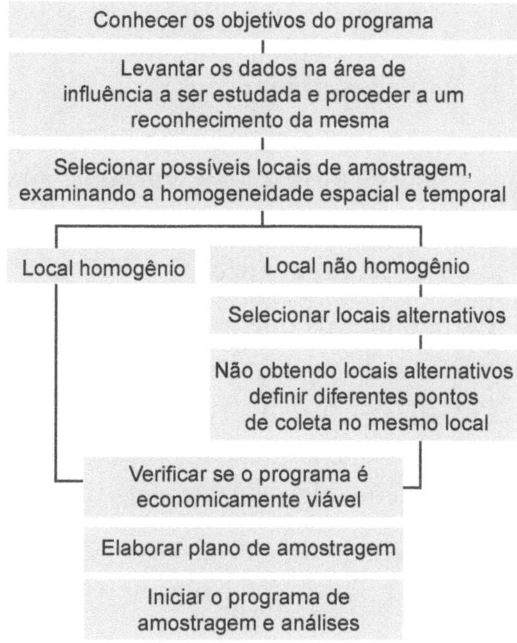

Fonte: CETESB, Guia Nacional de Coleta e Preservação de Amostras, 2011.

Figura 4.4 – Planejamento de Programas de Monitoramento.

Existem casos que, para que haja identificação da fonte poluidora, aplica-se a técnica de identificação por traçadores, ou seja, produtos químicos com uma determinada cor que, ao serem lançados na potencial fonte poluidora, permitem acompanhar o fluxo de água até o lançamento no corpo receptor ou na rede de esgotos.

No Programa de Água das Nações Unidas para o Meio Ambiente (PNUMA), denominado Sistema de Monitoramento Ambiental Global (GEMS – *Global Environment Monitoring System*), estão cadastrados os dados de parâmetros químicos, físicos e biológicos de qualidade de águas superficiais e subterrâneas. Esses dados são utilizados para avaliação do estado dos reservatórios mundiais.

O monitoramento da qualidade da água no Brasil é realizado por vários órgãos estaduais do meio ambiente e de recursos hídricos, companhias de saneamento e empresas do setor elétrico.

4.3 Indicadores de qualidade da água

O Índice de Qualidade das Águas (IQA) foi criado em 1970, nos Estados Unidos, pela *National Sanitation Fundation*. Em 1975, ele foi adaptado por um grupo de técnicos da Companhia de Tecnologia de Saneamento Ambiental (CETESB) e da Companhia de Saneamento Básico do Estado de São Paulo (Sabesp), além de institutos de pesquisa e universidades, hoje, é o principal índice de qualidade da água utilizado no País.

Ele também é aplicado para avaliar a qualidade da água bruta para abastecimento público, sendo que a maioria de seus parâmetros são indicadores de contaminação causada pelo lançamento de esgotos domésticos.

O Índice de Qualidade da Água Bruta para fins de Abastecimento Público (IAP) é composto por três grupos de parâmetros:

- Índice de Qualidade das Águas (IQA): temperatura d'água, pH, oxigênio dissolvido, demanda bioquímica de oxigênio, coliformes fecais, nitrogênio total, fósforo total, resíduo total e turbidez.
- Parâmetros que avaliam a presença de substâncias tóxicas: teste de mutagenicidade, potencial de formação de trihalometanos, cádmio, chumbo, cromo total, mercúrio e níquel.
- Parâmetros que afetam a qualidade organoléptica da água: fenóis, ferro, manganês, alumínio, cobre e zinco.

Os parâmetros que avaliam o grupo de substâncias tóxica e organolépticas fornecem o Índice de Substâncias Tóxicas e Organolépticas (ISTO).

O índice do Estado Trófico classifica os corpos d'água em diferentes gruas de trofia, isto quer dizer que ele avalia a qualidade da água quanto ao enriquecimento de nutrientes e a sua relação com o crescimento das algas ou aumento de macrófitas.

A ocorrência da eutrofização permite classificar os lagos de acordo com sua intensidade, conforme mostra a Tabela 4.4. Note que a eutrofização ocorre quando o nível de fósforo atinge níveis altos.

Tabela 4.4 – Classificação de níveis tróficos

Valor do IET (μg/L de fósforo)	Classes de Estado Trófico	Características
= 47	Ultraoligotrófico	Corpos d'água limpos, de produtividade muito baixa e concentrações insignificantes de nutrientes que não acarretam em prejuízos aos usos.
47 < IET = 52	Oligotrófico	Corpos d'água limpos, de baixa produtividade, em que não ocorrem interferências indesejáveis sobre os usos da água decorrentes da presença de nutrientes.
52 < IET = 59	Mesotrófico	Corpos d'água de produtividade intermediária, com possíveis implicações sobre a qualidade da água, mas em níveis aceitáveis, na maioria dos casos.
59 < IET = 63	Eutrófico	Corpos d'água de alta produtividade em relação às condições naturais, com redução da transparência, em geral, afetados por atividades antrópicas, nos quais ocorrem alterações indesejáveis na qualidade da água decorrentes do aumento da concentração de nutrientes e de interferências nos seus múltiplos usos.
63 < IET = 67	Supereutrófico	Corpos d'água de alta produtividade em relação às condições naturais, de baixa transparência, em geral, afetados por atividades antrópicas, nos quais ocorrem, com frequência, alterações indesejáveis na qualidade da água, como a ocorrência de episódios de florações de algas e interferências nos seus múltiplos usos.
> 67	Hipereutrófico	Corpos d'água afetados significativamente pelas elevadas concentrações de matéria orgânica e nutrientes, com comprometimento acentuado nos seus usos, associado a episódios de florações de algas ou mortandades de peixes, com consequências indesejáveis para seus múltiplos usos, inclusive sobre as atividades pecuárias nas regiões ribeirinhas.

Fontes: CETESB (2006); LAMPARELLI (2004).

4.3.1 Parâmetros físicos, químicos e biológicos que compõem o índice de qualidade da água

4.3.1.1 Oxigênio Dissolvido (OD)

Provém, em geral, da dissolução do oxigênio atmosférico, natural ou artificialmente e também da produção liberada por alguns microrganismos vivos na água, como algas e bactérias.

O nível de disponibilidade de OD na água vai depender do balanço entre a quantidade consumida por bactérias para oxidar a matéria orgânica (fontes pontuais e difusas) e a quantidade produzida no próprio corpo d'água por meio de organismos fotossintéticos e de processos de aeração natural e/ou artificial. Se o balanço do nível de OD permanecer negativo por tempo prolongado, o corpo d'água pode tornar-se anaeróbico (ausência de oxigênio), causando a geração de maus odores, crescimento de outros tipos de bactérias e morte de diversos seres aquáticos aeróbicos, inclusive peixes.

O OD é um dos principais parâmetros de caracterização dos efeitos da poluição das águas decorrentes de despejos orgânicos. A solubilidade do OD ocorre em função da altitude e da temperatura do corpo de água. Em geral, ao nível do mar e à temperatura de 20 °C, a concentração de saturação é de 9,2 mg/l.

4.3.1.2 Demanda Bioquímica de Oxigênio (DBO)

A Demanda Bioquímica de Oxigênio (DBO) representa a quantidade de oxigênio necessária para oxidar a matéria orgânica presente na água por meio da decomposição microbiana aeróbia. A $DBO_{5,20}$ é a quantidade de oxigênio consumido durante cinco dias em uma temperatura de 20 °C.

Valores altos de $DBO_{5,20}$ num corpo d'água são provocados geralmente pelo lançamento de cargas orgânicas, principalmente esgotos domésticos. A ocorrência de altos valores desse parâmetro causa uma diminuição dos valores de oxigênio dissolvido na água, o que pode provocar mortandades de peixes e eliminação de outros organismos aquáticos.

4.3.1.3 Nitrogênio total

Nos corpos d'água, o nitrogênio pode ocorrer nas formas de nitrogênio orgânico, amoniacal, nitrito e nitrato. Os nitratos são tóxicos aos seres humanos e, em altas concentrações, causa uma doença chamada metahemoglobinemia infantil, que é letal para crianças.

Os compostos de nitrogênio são considerados nutrientes nos processos biológicos e seu lançamento em grandes quantidades nos corpos d'água, junto com outros nutrientes, tais como o fósforo, causam crescimento excessivo das algas, provocando eutrofização, o que pode prejudicar o abastecimento público, a recreação e a preservação da vida aquática.

As principais fontes de nitrogênio são os lançamentos de esgotos sanitários e efluentes industriais. As contribuições de nitrogênio na agricultura são por meio de fertilizantes que drenam as águas da chuva para os corpos d'água.

4.3.1.4 Fósforo Total (PT)

A presença de fósforo nas águas pode ter origem na dissolução de compostos do solo (em escala muito pequena), despejos domésticos e/ou industriais, detergentes, excrementos de animais e fertilizantes.

4.3.1.5 Coliformes Fecais (COLI. F)

As bactérias do grupo coliforme são utilizadas como indicador biológico da qualidade das águas. A contaminação das águas por fezes humana e/ou animal pode ser detectada pela presença de bactérias do grupo coliforme.

4.3.1.6 Potencial Hidrogeniônico (pH)

O pH afeta o metabolismo de várias espécies aquáticas. A Resolução CONAMA nº 357 estabelece que, para a proteção da vida aquática, o pH deve estar entre 6 e 9.

4.3.1.7 Temperatura da água

A temperatura influência vários parâmetros físico-químicos da água, tais como a tensão superficial e a viscosidade. Os organismos aquáticos são afetados por temperaturas fora de seus limites de tolerância térmica, o que causa impactos sobre seu crescimento e sua reprodução.

Todos os corpos d'água apresentam variações de temperatura ao longo do dia e das estações do ano. No entanto, o lançamento de efluentes com altas temperaturas pode causar impactos significativos nos corpos d'água.

4.3.1.8 Resíduo total

O resíduo total é a matéria que permanece após a evaporação, secagem ou calcinação da amostra de água durante um determinado tempo e temperatura.

Quando os resíduos sólidos se depositam nos leitos dos corpos d'água, eles podem causar seu assoreamento, gerando problemas para a navegação e podendo aumentar o risco de enchentes. Além disso, eles podem causar danos à vida aquática, pois, ao se depositarem no leito, eles destroem os organismos que vivem nos sedimentos e que servem de alimento para outros organismos, além de danificar os locais de desova de peixes.

4.3.1.9 Turbidez

A turbidez indica o grau de atenuação que um feixe de luz sofre ao atravessar a água. Essa atenuação ocorre pela absorção e espalhamento da luz causada pelos sólidos em suspensão (silte, areia, argila, algas, detritos, etc).

A principal fonte de turbidez é a erosão dos solos, quando, na época das chuvas, as águas pluviais trazem uma quantidade significativa de material sólido para os corpos d'água.

Atividades de mineração, assim como lançamento de esgotos e de efluentes industriais, também são fontes importantes que causam uma elevação da turbidez das águas.

O aumento da turbidez faz com que uma quantidade maior de produtos químicos, como coagulantes, sejam utilizados nas estações de tratamento de água, aumentando os custos do tratamento. Além disso, a alta turbidez também afeta a preservação dos organismos aquáticos, o uso industrial e as atividades de recreação.

4.4 Qualidade da água no Brasil

A Agência Nacional de Águas (ANA) possui uma rede hidro meteorológica com mais de 2.700 postos pluviométricos e 1.900 postos fluviométricos, que compõem os dados relacionados à quantidade de água, e cerca de 2.400 pontos de monitoramento relacionados à qualidade.

Com o intuito agregar aos dados quantitativos os resultados de análises de qualidade, a ANA, em seus 1.340 pontos (qualidade e quantidade) analisa os parâmetros pH, oxigênio dissolvido, condutividade e temperatura. Porém, esse parâmetros não permitem avaliar adequadamente a evolução da qualidade das águas brasileiras.

A densidade de pontos monitorados no Brasil é de 0,26 ponto/1.000 km^2, enquanto em outros países, como Espanha (2,55 pontos/1.000 km^2), França (1,96 ponto/1.000 km^2) e Canadá (0,8 ponto/1.000 km^2) o monitoramento é muito mais abrangente.

O monitoramento é realizado com quatro objetivos:

- monitoramento básico: para acompanhar a evolução da qualidade das águas;
- inventários: para estabelecer um diagnóstico da qualidade das águas de um trecho específico do curso d'água;
- vigilância: para avaliar a qualidade das águas para um uso determinado (especialmente para consumo humano);
- de conformidade: para observar o atendimento dos usuários aos requisitos legais (Portaria e CONAMA).

O Mapa 4.2 apresenta os pontos de monitoramento no Brasil, em que se verifica maior concentração de pontos os próximos a costa brasileira.

Mapa 4.2 – Pontos de Monitoramento no Brasil

A Tabela 4.5, mostra a classificação da qualidade das águas a partir do valor do IQA e da sua aplicação. Considerando que a qualidade de água não está adequada para fins mais nobres, como o abastecimento, o recurso hídrico poderá ser destinado a outros usos, de tal forma que não prejudique os interesses dos usuários.

Tabela 4.5 - Classificação da qualidade das águas

Valor do IQA	Classes	Significado
79 < IQA1 ≤ 100	Ótima	Água própria para o abastecimento público após o tratamento concencional.
51 < IQA1 ≤ 79	Boa	
36 < IQA1 ≤ 51	Regular	
19 < IQA1 ≤ 36	Ruim	Água imprópria para o abastecimento público após o tratamento concencional, sendo necessários tratamentos mais avançados.
< IQA1 ≤ 19	Péssima	

Fonte: Cetesb, 2008.

O Gráfico 4.1 mostra o IQA em 2001, quando os pontos de monitoramento apresentavam condições divididas em: ótima (6%) , boa (76%), regular (11%), ruim (6%) e péssima (1%).

Gráfico 4.1 - Índice de Qualidade das Águas

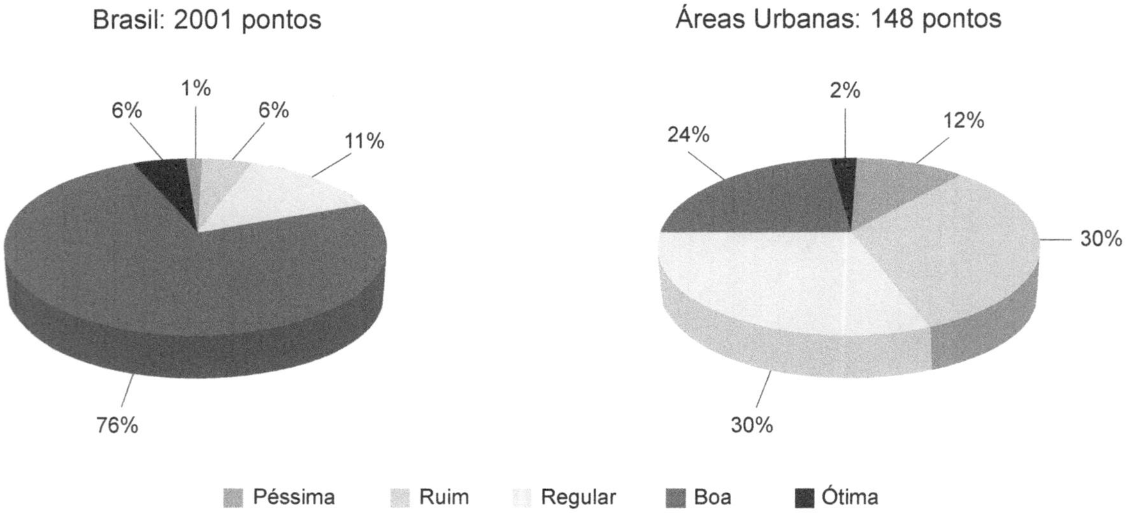

Já o Mapa 4.3 mostra esses valores distribuídos nas bacias hidrográficas; note que o monitoramento está concentrado próximo à região costeira do Brasil e às Regiões Metropolitanas de São Paulo, Belo Horizonte e Salvador, que apresentam IQA em condições ruins e péssimas.

4.5 Água de reúso

Discute-se muito sobre o estresse hídrico, a alta demanda e a pouca oferta de água, o crescimento desordenado da população, a perda de qualidade de água em função de seus usos e a falta de gestão, conscientização e desperdício de água, porém, quando buscamos soluções quanto ao reúso da água, pouco se tem de informação e diretrizes ou legislações aplicáveis ao tema.

Mapa 4.3 – Distribuição de IQA nas bacias hidrográfica do Brasil 2011

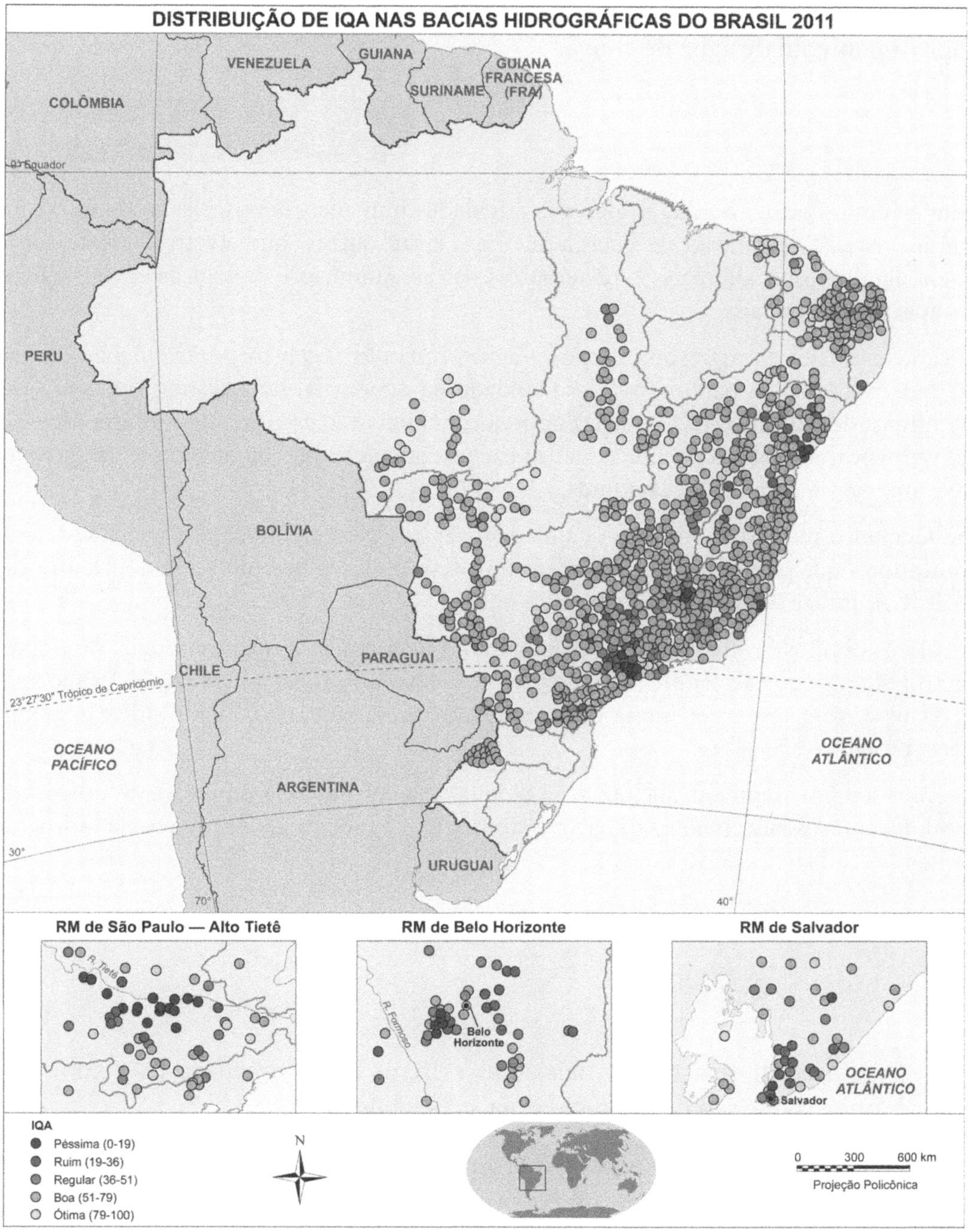

Fonte: ANA. Relatório de Conjuntura, 2013, p. 71.

Segundo notícias da Associação Brasileira de Engenharia Sanitária e Ambiental (ABES, 2013), a prática do reúso de água poderia economizar bilhões de litros desse recurso por dia. Para uma residência fazer instalação do sistema de reaproveitamento de água de chuva, considerando inclusive, obras civis e reservatório, custaria cerca de quinze mil reais.

No entanto, não existem normas técnicas para essa prática. Há somente duas normas que tratam do reúso no Brasil: a Resolução Conselho Nacional de Recursos Hídricos (CNRH), nº 54/2005, e a NBR nº 13.969/1997, com abrangência nacional para quatro modalidades de reúso direto não potável: fins agrícolas, ambientais, indústrias e aquicultura. Além dessas normas, há outras normas municipais, dentre as quais se destacam os municípios de Curitiba e São Paulo, que propuseram a prática do aproveitamento de água de chuva.

Vamos recapitular?

Neste capítulo foram abordadas algumas atividades humanas, dentre elas: abastecimento, indústria, irrigação, recreação, geração de energia elétrica, entre outros, que afetam a qualidade da água, podendo, em alguns casos, alterar as características físicas, químicas e biológicas e, consequentemente, provocar impactos ambientais.

As características da água dos corpos d'águas, quando recebem contribuições das atividades humanas, podem alterar os parâmetros de qualidade da água: pH, temperatura, oxigênio dissolvido, demanda química de oxigênio etc., o que faz com que, quando não estão sendo monitorados e controlados, podem provocar alterações na vida aquática e, consequentemente, na qualidade da água, tornando-a, inclusive, imprópria para fins mais nobres.

Para facilitar o monitoramento da qualidade da água e permitir uma gestão mais eficiente, foram criados indicadores que permitem quantificar os índices para abastecimento humano. Dentre eles, destacam-se: IAP, IQA, Índice de Estado Trófico, entre outros.

Os valores obtidos no monitoramento mostram que a região costeira é a mais monitorada, já as regiões metropolitanas de São Paulo, Belo Horizonte e Salvador são as que possuem os piores níveis de qualidade da água. Vale a pena relembrar que nessas regiões encontra-se o maior índice de população e a menor oferta de água.

Devemos lembrar também que, embora a água seja considerada um solvente universal, ela não consegue diluir todos os lançamentos de esgotos domésticos e industriais de uma bacia hidrográfica.

Agora é com você!

1) Pesquise em revistas, jornais, *sites* e livros e elabore uma lista com as atividades humanas que são desenvolvidas na sua cidade.

2) No site <http://arquivos.ana.gov.br/imprensa/publicacoes/Panorama_Qualidade_Aguas_Superficiais_BR_2012.pdf> é possível encontrar os valores dos indicadores de qualidade de seu estado. Pesquise esses indicadores e elabore uma lista com os principais usos da bacia hidrográfica em que está situado.

3) Responda à seguinte questão: por que o aumento da quantidade de nutrientes causa a morte de peixes, o entupimento de tubulações, entre outros transtornos?

4) Pesquise com seus colegas: quais as vantagens e desvantagens de utilizarmos água de reúso?

5) Responda dando exemplos práticos: o que você e sua família fazem para reduzir o consumo de água?

5

Enquadramento no Corpo d'Água, Requisitos e Padrões de Qualidade da Água

Para começar

Neste capítulo serão apresentados os critérios de classificação da água para seus usos (abastecimento, irrigação, agricultura, entre outros), de acordo com as classes que estiverem enquadradas o trecho do rio em estudo. Também serão apresentados os motivos para falta de padronização do corpo d'água e, consequentemente, os poucos dados disponíveis para avaliar as bacias hidrográficas quanto a sua quantidade e qualidade.

Segundo a ANA, o enquadramento dos corpos d'água é estabelecido em função do nível de qualidade (classe) a ser alcançado ou mantido em um segmento de corpo d'água ao longo do tempo. Esse enquadramento visa "assegurar às águas qualidade compatível com os usos mais exigentes a que forem destinadas", e a "diminuir os custos de combate à poluição das águas, mediante ações preventivas permanentes" (Artigo 9º, Lei nº 9.433/97). O Comitê de Bacia é responsável pelo enquadramento do corpo d'água de acordo com a Lei nº 11.612/09, artigo 15.

Esses instrumentos jurídicos foram definidos tendo como premissa a saúde, o bem-estar humano e o equilíbrio ecológico aquático. Dessa forma, a outorga, direito de uso do recurso hídrico para um determinado uso deve atender ao enquadramento do corpo d'água.

Nem sempre a classe em que está enquadrado o trecho do corpo d'água é a classe em que ele deveria se encontrar; em alguns casos, a definição da classe é a que deveria ser mantida para atender as necessidades da comunidade.

O enquadramento é referência para proporcionar a gestão de recursos hídricos: outorga, cobrança, planos de bacia, além dos instrumentos de gestão ambiental, tais como licenciamento e monitoramento.

Fique de olho!

De acordo com a Agência Executiva de Gestão das Águas do Estado da Paraíba (AESA): outorga é um instrumento que assegura ao interessado o direito de utilizar a água de uma determinada fonte hídrica, com uma vazão e finalidade determinadas e por um período definido.

Cobrança pelo Uso de Recursos Hídricos (usuário pagador): segundo a ANA, a cobrança pelo Uso de Recursos Hídricos é um dos instrumentos de gestão da Política Nacional de Recursos Hídricos, instituída pela Lei nº 9.433/97, com os objetivos de dar aos usuários o real valor da água, incentivar o uso racional da água e obter recursos financeiros para recuperação das bacias hidrográficas do País.

A definição dada pelo Instituto do Meio Ambiente e Recursos Hídricos (INEMA), para Planos de Bacia Hidrográfica resume-se a planos diretores, de natureza estratégica e operacional, que têm por finalidade fundamentar e orientar a implementação da Política Estadual de Recursos Hídricos, considerando os aspectos quantitativos e qualitativos do uso das águas, de modo a assegurar as metas e os usos neles previstos nas áreas da bacia hidrográfica considerada como potencial ou poluidora.

Licenciamento: o MMA o define como um instrumento administrativo pelo qual o órgão ambiental autoriza a localização, instalação, ampliação e operação de empreendimentos e de atividades que utilizam os recursos ambientais e que sejam considerados efetivos, potencialmente poluidores ou que possam causar degradação ambiental.

Monitoramento ambiental consiste na realização de medições e/ou observações específicas, dirigidas a alguns poucos indicadores e parâmetros, com a finalidade de verificar se determinados impactos ambientais estão ocorrendo, podendo dimensionar sua magnitude e avaliar a eficiência de eventuais medidas preventivas adotadas (Bitar & Ortega, 1998).

5.1 Exigências legais

Para entender os conflitos de uso da bacia hidrográfica, a dificuldade no seu enquadramento, a classe do trecho do rio estabelecida para o lançamento do efluente e a dificuldade em padronizar os usos e limites para os usuários da bacia no trecho estudado, será necessário entender um pouco a evolução da legislação brasileira referente a esse tema.

Em 1976, os estados de São Paulo, Alagoas, Santa Catarina e Rio Grande do Norte enquadraram os lançamentos de efluentes de acordo com os parâmetros e limites da Portaria nº 13, do Ministério do Interior.

Foi aprovada, em 1986, a Resolução nº 20, "o CONAMA 20", que substituiu a Portaria nº 13 e classificou as águas em doces, salobras e salinas no Território Nacional.

O Instituto Brasileiro de Meio Ambiente e dos Recursos Naturais Renováveis (IBAMA), em 1989, enquadrou os corpos d'água de domínio da União na Bacia do Rio São Francisco no mesmo CONAMA 20. Além disso, tiveram, na década de 1980 e 1990, foram enquadrados os corpos d'água das bacias Paraíba, Rio Grande do Sul, Minas Gerais, Bahia e Mato Grosso do Sul.

A Política Estadual de Recursos Hídricos do Estado de São Paulo, Lei nº 7.663/91, em 1991, antecipando a lei federal sobre recursos hídricos, instituiu a Lei nº 9.433/97, conhecida por Política Nacional dos Recursos Hídricos.

Em 2000, a Resolução do Conselho Nacional de Recursos Hídricos (CNRH) nº 12 estabeleceu os procedimentos para o enquadramento dos cursos d'água em classes de qualidade, mais tarde substituída pela Resolução nº 357/2005, que classificou as águas em doces, salobras e salinas em função dos usos preponderantes.

A Lei Estadual nº 11.612/09 enquadrou os corpos d'água baseando-se nos níveis de qualidade a que forem destinados ou ao estabelecimento de metas ou objetivos dos níveis em que a qualidade de água deverá ser mantida ou alcançada no trecho do rio em estudo, após consenso da sociedade.

A Tabela 5.1 mostra a classificação das águas doces, salobras e salinas de acordo como os usos da bacia hidrográfica, sendo a classe especial, com relação à qualidade e aos usos, a mais exigente.

Tabela 5.1 – Classificação das águas pelos usos preponderantes

Águas doces	Especial	» Abastecimento para consumo humano; » Preservação do equilíbrio natural das comunidades aquáticas; » Preservação dos ambientes aquáticos em unidade de conservação de proteção integral.
	1	» Abastecimento para consumo humano; » Proteção das comunidades aquáticas; » Recreação de contato primário, tais como: natação, esqui aquático e mergulho, conforme Resolução CONAMA nº 274, de 2000; » Irrigação de hortaliças que são consumidas cruas e de frutas que se desenvolvem rentes ao solo e que sejam ingeridas cruas, sem remoção de película; » Proteção das comunidades aquáticas em terras indígenas.
	2	» Abastecimento para consumo humano, após tratamento convencional; » Proteção das comunidades aquáticas; » Recreação de contato primário, tais como: natação, esqui aquático e mergulho, conforme Resolução CONAMA nº 274, de 2000; » Irrigação de hortaliças, plantas frutíferas e de parques, jardins, campos de esporte e lazer, com os quais o público possa vir a ter contato direto; » Aquicultura e atividade de pesca.
	3	» Abastecimento para consumo humano, após tratamento convencional avançado; » Irrigação de colunas arbóreas, cerealistas e forrageiras; » Pesca amadora; » Recreação de contato secundário; » Dessedentação de animais.
	4	» Navegação; » Harmonia paisagística.
Águas salinas	Especial	» Preservação dos ambientes aquáticos em unidades de conservação de proteção integral; » Preservação do equilíbrio natural das comunidades aquáticas.

Águas salinas	1	» Recreação de contato primário, conforme Resolução CONAMA nº 274, de 2000; » Proteção das comunidades aquáticas; » Aquicultura e atividade de pesca.
	2	» Pesca amadora; » Recreação de contato secundário.
	3	» Navegação; » Harmonia paisagística.
Águas salobras	Especial	» Preservação dos ambientes aquáticos em unidades de conservação de proteção integral; » Preservação do equilíbrio natural das comunidades aquáticas.
	1	» Recreação de contato primário, conforme Resolução CONAMA nº 274, de 2000; » Proteção das comunidades aquáticas; » Aquicultura e atividade de pesca; » Abastecimento para consumo humano após tratamento convencional ou avançado; » Irrigação de hortaliças que são consumidas cruas e de frutas que se desenvolvam rentes ao solo e que sejam ingeridas cruas sem remoção de película; » Irrigação de parques, jardins, campos de esporte e lazer, com os quais o público possa vir a ter contato direto.
	2	» Pesca amadora; » Recreação de contato secundário.
	3	» Navegação; » Harmonia paisagística.

Fonte: Enquadramento, ANA.

5.2 Situação do enquadramento no Brasil

De acordo com a ANA, no Brasil, a implementação do enquadramento da legislação ocorreu da seguinte maneira: considerando que os corpos d'água ficam sob domínio do Estado, dos 27 somente 10 Unidades da Federação (Alagoas, Bahia, Mato Grosso do Sul, Minas Gerais, Paraíba, Paraná, Rio Grande do Norte, Rio Grande do Sul, Santa Catarina e São Paulo) se enquadraram na Portaria nº 13/1976. O estado de Pernambuco adotou essa Portaria em 1988, e o estado do Rio de Janeiro estabeleceu, na década de 1970, uma legislação diferente da Portaria nº 13. O Rio enquadrou seus corpos d'água com a sistemática de nove usos preponderantes, denominado de "usos benéficos" (abastecimento público, recreação, estético, conservação da fauna e flora marinha, conservação da fauna e flora doce, atividades agropastoris, abastecimento industrial e geração de energia, navegação e diluição de despejos).

Com relação aos corpos d'água federais, após o desenvolvimento da sistemática de bacias hidrográficas em 1980, se instalou os comitês de bacias e o enquadramento dos rios Paraíba do Sul, Paranapanema, Guaíba, São Francisco, Jari, Iguaçu, Jaguari/Piracicaba, Parnaíba, Ribeira do Iguape e Pardo/Mogi dentro dessa sistemática.

Os rios das bacias Paranapanema, Paraíba do Sul e São Francisco se enquadraram na legislação estadual, de "usos preponderantes". O Rio São Francisco se enquadrou em 1986 no IBAMA, na Resolução nº 20 e as demais bacias (Paranapanema e Paraíba do Sul) precisam se atualizar, pois foram enquadradas na Portaria de 1976, anterior ao CONAMA 20.

Consta também no relatório que há necessidade de atualização do enquadramento das bacias para um novo arcabouço legal, pois a Política Nacional de Recursos Hídricos apresenta uma nova sistemática de enquadramento com ações de planejamento (enquadramento, planos de bacia) e instrumentos econômicos.

Dentre os principais problemas para a implantação dessa sistemática, destacam-se a falta de capacidade técnica, de metodologia e de ações de gestão. O Gráfico 5.1 mostra como esses são os maiores desafios para a implementação do enquadramento dos corpos d'agua.

Gráfico 5.1 – Problemas enfrentados pelos Estados para a implementação do enquadramento. (Adaptado)

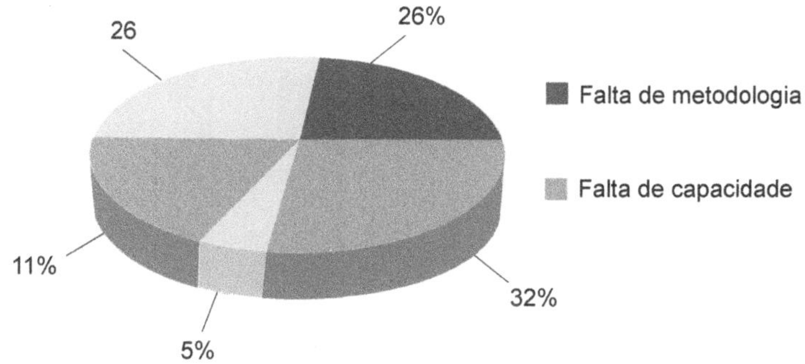

Fonte: SRH/MMA, 1999.

O Mapa 5.1 mostra a situação do Brasil com relação ao enquadramento da legislação no âmbito estadual.

Mapa 5.1 – Enquadramento dos corpos d'água na legislação estadual

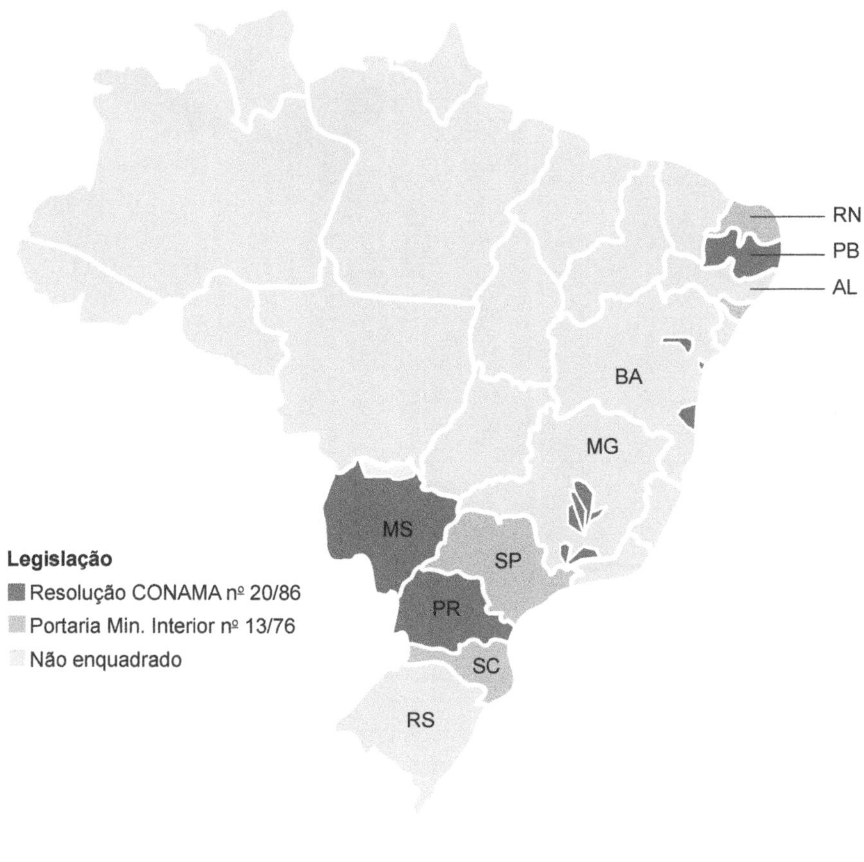

O Mapa 5.2 mostra a situação do Brasil com relação ao enquadramento da legislação no âmbito federal.

Mapa 5.2 – Enquadramento dos corpos d'água na legislação federal

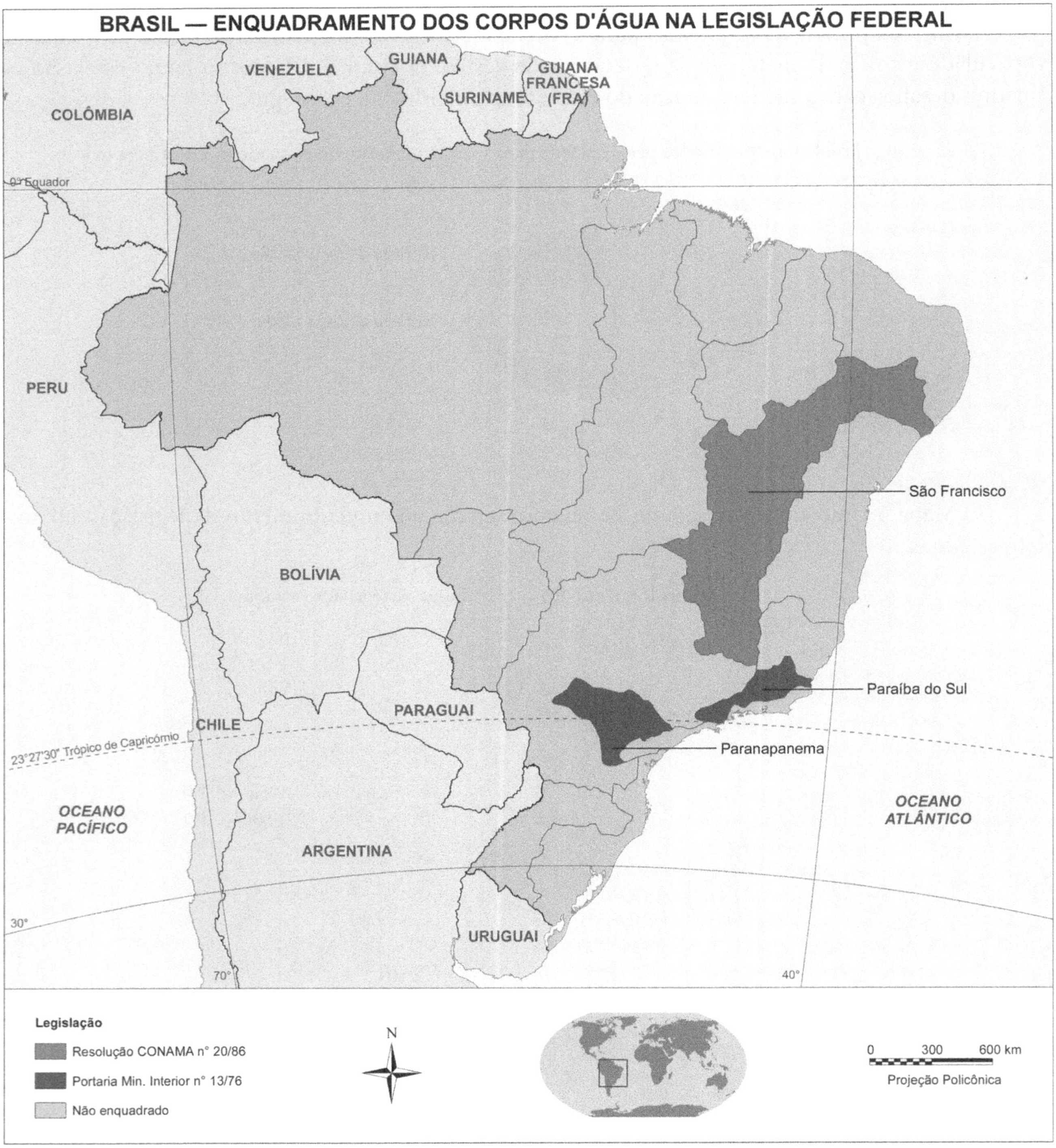

Fonte: ANA. *Panorama do Enquadramento dos corpos d'água*. Brasília, DF, 2007. Disponível em: <http://pnqa.ana.gov.br/Publicao/PANORAMA%20DO%20ENQUADRAMENTO.pdf>. Acesso em: 4 jul. 2014.

De acordo com a SRH/MMA, uma série de ações deve ser tomada para o enquadramento das legislações vigentes, destacando:

- » revisão da Resolução CONAMA nº 20, de 1986;
- » criação de fundos e mecanismos de apoio técnico e financiamento de atividades de enquadramento;
- » apoio à formação de comitê;
- » criação de agência de bacias;
- » ampliação da rede de monitoramento.

Para que todas essas ações ocorram, é preciso adotar prioridades e investimentos; o saneamento também deverá ser revisado, utilizando os comitês existentes ou o órgão gestor em conjunto com o do meio ambiente para elaborar propostas de enquadramentos. No entanto, a aplicação do enquadramento dos corpos d'água depende de um amplo aperfeiçoamento institucional, por meio de integração entre os diversos agentes envolvidos com os órgãos de meio ambiente, de recursos hídricos e de sua integração com os órgãos municipais.

O relatório também destaca, por meio de seus pesquisadores, que a questão do saneamento é fator preponderante na gestão da qualidade das águas no País e a elaboração e o enquadramento deverão ser articulados com os planos de investimentos das empresas de saneamento.

A legislação nº 11.445/2007, que estabelece diretrizes nacionais para o saneamento básico, determina que (Artigo 44) "... o licenciamento ambiental de unidades de tratamento de esgotos e de efluentes gerados nos processo de tratamento de água considerará etapas de eficiência, a fim de alcançar progressivamente os padrões estabelecidos pela legislação ambiental, em função do pagamento dos usuários". O mesmo artigo determina que (parágrafo 2º) "a autoridade ambiental competente estabelecerá metas progressiva para que a qualidade dos efluentes da unidade de tratamento de esgotos sanitários atenda aos padrões das classes dos corpos d'água que forem lançados a partir de níveis presentes de tratamento e considerando o pagamento das populações e usuários envolvidos".

O relatório permite concluir que, para o estabelecimento de metas para enquadramento do corpo d'água, é necessário atender as expectativas do usuário para ter continuidade e sustentabilidade e essas ações dependem de fatores econômicos, sociais, políticos e financeiros.

As principais legislações aplicáveis são:

- » Portaria nº 13/76 - Ministério do Interior que estabelece diretrizes nacionais para o enquadramento;
- » Resolução CONAMA nº 20/86 - que substitui a Portaria nº 13/76,
- » Resolução CNRH nº 12/00 - que estabelece os procedimentos para o enquadramento;
- » Resolução CONAMA nº 357/05 - que substitui a Resolução CONAMA 20;
- » Resolução CONAMA nº 396/08 - que estabelece o enquadramento das águas subterrâneas;
- » Resolução CNRH nº 91 - que substitui a CNRH 12/00.

Vamos recapitular?

O enquadramento tem por objetivo assegurar a qualidade e a quantidade do corpo d'água para prevenir, controlar ou combater a poluição das águas.

A evolução da legislação no Brasil permitiu avançar nas exigências para o enquadramento dos rios, porém é necessário adotar medidas técnicas, políticas e sociais para a padronização do enquadramento aos usos preponderantes por bacias hidrográficas e aumentar os pontos de monitoramento e dados obtidos.

Agora é com você!

Pesquise em livros, jornais, revistas e sites confiáveis:

1) Explique com suas palavras qual(is) o(s) motivo(s) da falta de padronização das bacias hidrográficas no Brasil.

2) Quais ações você tomaria para ampliar os pontos de monitoramento?

3) Como você poderia ser um motivador ou agente de mudança para enquadrar os corpos d'água na cidade onde reside?

4) Faça uma redação com seus colegas explicando o motivo pelo qual nem todos os estados do Brasil têm os seus rios enquadrados à legislação e qual o desdobramento do não enquadramento.

6

Condições e Padrões de Efluentes para Lançamento

Para começar

No presente capítulo serão abordados as condições e os padrões de lançamento para efluentes, classificando-os para cada corpos d'água de acordo com as diretrizes ambientais definidas por meio dos usos preponderantes. Também serão abordados os padrões de lançamento de acordo com os interesses para os usos das bacias hidrográficas.

Os valores limites para o lançamento também serão objeto de estudo, além da aplicação de penalidades para os geradores de efluentes infratores.

A Figura 6.1 mostra um lançamento irregular no corpo receptor; os maiores desafios para as autoridades manterem a qualidade do corpo receptor estão relacionados, de um lado, às legislações restritivas, que garantem a qualidade e quantidade do recurso hídrico, de outro, às dificuldades de implementação das legislações restritivas em razão da falta de investimento, acesso as tecnologias e capacitação do corpo técnico.

Figura 6.1 – Lançamento irregular.

6.1 Definição de efluentes e padrões de qualidade

Efluente é o resíduo líquido proveniente dos processos produtivos e que adquirem características próprias em função das atividades e dos produtos utilizados.

As condições e padrões de qualidade de água são instrumentos legais (Leis, Decretos e Resolução) aplicáveis ao controle da poluição, considerando todos os esgotos gerados em áreas urbanas e/ou em outras fontes geradoras de efluente, podendo-se destacar os de origem industrial.

Os valores fixados para seu lançamento podem, em função da capacidade da estação de tratamento, realizar a remoção de um determinado parâmetro ou da capacidade de diluição do lançamento de esgoto ou efluente no corpo receptor. Qualquer que seja a exigência de atendimento ao valor máximo permissível, o lançamento não poderá comprometer o recurso hídrico, causando poluição e/ou limitando o seu uso preponderante.

O controle dos recursos hídricos e do lançamento de efluentes no Brasil teve início na década de 1970, quando se relembrou que foi editada a Resolução CONAMA nº 20/1986, que classificou e enquadrou os corpos d'água no Brasil; em 2005, essa Resolução foi alterada para CONAMA nº 357/2005, que classifica os corpos de água superficiais e as diretrizes ambientais para seu enquadramento e estabeleceu as condições e os padrões de lançamento de efluentes. Em seu Artigo 2º, item X, temos: "classificação: qualificação das águas doces, salobras e salinas em função dos usos preponderantes (sistema de classes de qualidade) atuais e futuros". Posteriormente, houve uma nova alteração, passando-se para Resolução CONAMA nº 397. Atualmente, tem-se a Resolução nº 430/2011, que trata das condições, dos parâmetros e das diretrizes para a gestão do lançamento de efluentes em corpos d'água receptores.

Fique de olho!

O enquadramento do recurso hídrico ou corpo d'água é o planejamento realizado para a bacia hidrográfica, com uma visão sistêmica dela e com a definição de uma meta a ser cumprida em um período de médio a longo prazo, em que são considerados a outorga e o licenciamento ambiental.

Nesse enquadramento são definidos parâmetros de qualidade que conferem valores máximos permitidos para que sejam mantidas ou atingidas metas para o atendimento das condições estabelecidas para os usos dos recursos hídricos a que foram planejados. Essas metas são transformadas em Planos de Recursos Hídricos da Bacia Hidrográfica em uma exigência legal.

Segundo von Sperling (1995), "os requisitos da qualidade independem da legislação", os parâmetros identificados para atendimento aos requisitos legais, devem ser determinados a partir do uso da água, de acordo com a fonte geradora do efluente. A Tabela 6.1 apresenta os principais requisitos para cada uso, sendo que, em alguns deles, há as características ambientais dos corpos d'água.

Tabela 6.1 – Características entre os usos da água sua qualidade requerida

Uso geral	Uso específico	Qualidade requerida
Abastecimento de água doméstico	–	Isenta de substâncias químicas prejudiciais à saúde. Isenta de organismos prejudiciais à saúde. Adequada para serviços domésticos. Baixa agressividade e dureza. Esteticamente agradável (baixa turbidez, cor, sabor e odor, além da ausência de microrganismos).
Abastecimento industrial	A água é incorporada ao produto (exemplo: alimentos, bebidas, remédios). Água entra em contato com o produto. Água não entra em contato com o produto (exemplo: refrigeração, caldeiras).	Isenta de substâncias químicas prejudiciais à saúde. Isenta de organismos prejudiciais à saúde. Esteticamente agradável (baixa turbidez, cor, sabor e odor, além da ausência de microrganismos). Variável com o produto. Baixa dureza. Baixa agressividade.
Irrigação	Hortaliças, produtos ingeridos crus ou com casca. Demais plantações.	Isenta de substâncias químicas prejudiciais à saúde. Isenta de organismos prejudiciais à saúde. Salinidade não excessiva. Isenta de substâncias químicas prejudiciais ao solo e às plantações. Salinidade não excessiva.
Dessedentação de animais	–	Isenta de substâncias químicas prejudiciais à saúde dos animais. Isenta de organismos prejudiciais à saúde dos animais.
Preservação da flora e fauna	–	Variáveis como os requisitos da flora e fauna que se deseja preservar.

Uso geral	Uso específico	Qualidade requerida
Recreação e lazer	Contato primário (contato direto com o meio líquido, ex: natação, esqui e surfe). Contato secundário; não há contato direto com o meio líquido (exemplo: navegação de lazer, pesca, lazer contemplativo).	Isenta de substâncias químicas prejudiciais à saúde. Isenta de organismos prejudiciais à saúde. Baixos teores sólidos, óleos e graxas. Aparência agradável.
Geração de energia	Usinas hidrelétricas. Usinas nucleares ou termonucleares (exemplo: torres de resfriamento).	Baixa agressividade. Baixa pureza.
Transporte	-	Baixo aparecimento de material grosseiro que possa por em risco as embarcações.
Diluição	-	-

Fonte: von Sperling (1995a).

O objetivo do estabelecimento dos padrões de lançamento é resguardar a qualidade das águas do corpo receptor. O padrão de lançamento é uma mera conveniência prática, que visa facilitar a fiscalização dos poluidores e a detecção e atuação dos responsáveis pela degradação do corpo receptor.

6.2 Condições de lançamento do corpo receptor e lançamento de efluentes

O Artigo 193, da Constituição do Estado de São Paulo, estabelece que há "necessidade de se adotar medidas, nas diferentes áreas de ação pública e junto ao setor privado, para promover o equilíbrio ecológico e a melhoria da qualidade ambiental, prevenindo a degradação em todas as suas formas e impedindo ou mitigando impactos negativos".

O lançamento de efluentes no corpo receptor está previsto no Artigo 17, do Decreto nº 8.468/76, que "estabelece que os efluentes de qualquer natureza somente poderão ser lançados nas águas interiores ou costeiras, superficiais ou subterrâneas, situadas no território do Estado, desde que não sejam consideradas poluentes".

Com relação à poluição das águas, o Artigo 3º do Regulamento da Lei Estadual nº 997/76, aprovado pelo Decreto nº 8.468/76, considera poluente "toda e qualquer forma de matéria ou energia lançada ou liberada nas águas, no ar ou no solo, com intensidade, em quantidade e concentração em desacordo com os padrões de emissão estabelecidos neste Regulamento ou norma dele recorrentes".

No entanto, o CONAMA, em sua Resolução nº 430/11, dispõe sobre condições e padrões em corpos d'águas receptores, alterando parcialmente a Resolução nº 357. A nova Resolução define que efluentes de qualquer fonte poluidora somente poderão ser lançados diretamente nos corpos receptores após o devido tratamento e seguindo orientações legais (capacidade de suporte do corpo receptor, concentração de efeitos não observados, concentração do efluente no corpo receptor, zona de mistura etc.).

Não será permitido o lançamento de efluentes que contenham Poluentes Orgânicos Persistentes (POP's). Também foi vedada a mistura de efluentes para diluição, além do lançamento de efluentes que causem efeitos tóxicos aos organismos aquáticos no corpo receptor.

Os responsáveis pelas fontes poluidoras deverão realizar o automonitoramento para o controle dos lançamentos nos corpos receptores de acordo com os critérios estabelecidos pelos órgãos competentes.

Os lançamentos em classes especiais são vedados, de acordo com o Artigo 32 da Resolução nº 357/05, uma vez que "nas águas de classe especial é vedado o lançamento de efluentes ou disposição de resíduos domésticos, agropecuários, de aquicultura, industriais e de quaisquer outras fontes de poluentes, mesmo que tratados".

A Resolução nº 357/05, CONAMA, Capítulo IV, define condições e padrões de lançamento de efluentes, em seus artigos 24 a 37.

Lembre-se

A Resolução nº 357/05, CONAMA, classifica como águas doces os recursos hídricos cuja salinidade seja ≤ 0,5%, onde a classe especial é destinada para ao abastecimento para o consumo humano; com a desinfecção, há preservação do equilíbrio natural das comunidades aquáticas, e a preservação dos ambientes aquáticos em unidades de conservação de proteção integral. Portanto, o efeito proibitivo para o lançamento de efluentes deve-se à ausência de tratamento para remoção da carga orgânica.

Tabela 6.2 - Condições de lançamentos de efluentes

	Resolução nº 430/11	Resolução nº 357/05
pH	5 a 9	5 a 9
Temperatura	> 40 °C, variação não poderá exceder 3 °C	> 40°C variação não poderá exceder 3 °C
Materiais sedimentáveis	1 ml/L em 1 hora	1 ml/L em 1 hora
Vazão máxima	1,5 a vazão média do período de atividade diária	1,5 a vazão média do período de atividade diária
Óleos e graxas	Minerais até 20 mg/L Vegetais e gorduras até 50 mg/L	Minerais até 20 mg/L Vegetais e gorduras até 50 mg/L
Materiais flutuantes	Ausência	Ausência
$DBO_{5,20}$ (5 dias a 20 °C)	Remoção mínima 60% (*) valor só poderá ser reduzido se houver estudo de autodepuração do corpo hídrico	-
Parâmetros inorgânicos		
Arsênio total	0,5 mg/L As	0,5 mg/L As
Bário total	5,0 mg/L Ba	5,0 mg/L Ba
Boro total (não se aplica para águas salinas)	5,0 mg/L B	5,0 mg/L B
Cádmio total	0,2 mg/L Cd	0,2 mg/L Cd

Parâmetros inorgânicos		
Chumbo total	0,5 mg/L Pb	0,5 mg/L Pb
Cianeto total	1,0 mg/L Cn	0,2 mg/L Cn
Cianeto (destilável por ácidos fracos)	0,2 mg/L Cn	–
Cianeto total	–	0,2 mg/L Cn
Cobre dissolvido	1,0 mg/L Cu	1,0 mg/L Cu
Cromo hexavalente	0,1 mg/L Cr^{+6}	–
Cromo trivalente	1,0 mg/L Cr^{+3}	–
Cromo total	–	0,5 mg/L
Estanho	4,0 mg/L Sn	4,0 mg/L Sn
Ferro dissolvido	15,0 mg/L Fe	15,0 mg/L Fe
Fluoreto total	10,0 mg/L F	10,0 mg/L F
Manganês dissolvido	1,0 mg/L Mn	1,0 mg/L Mn
Mercúrio total	0,01 mg/L Hg	0,01 mg/L Hg
Níquel total	2,0 mg/L Ni	2,0 mg/L Ni
Nitrogênio amoniacal total	20,0 mg/L Ni	20,0 mg/L Ni
Prata total	0,1 mg/L Ag	0,1 mg/L Ag
Selênio total	0,30 mg/L Se	0,30 mg/L Se
Sulfeto	1,0 mg/L S	1,0 mg/L S
Zinco total	5,0 mg/L Zn	5,0 mg/L Zn
Parâmetros orgânicos	**Valores máximos**	
Benzeno	1,2 mg/L	–
Clorofórmio	1,0 mg/L	1,0 mg/L
Dicloroeteno (somatório de 1,1 + 1,2 cis + 1,2 trans)	1,0 mg/L	1,0 mg/L
Estireno	0,07 mg/L	–
Etilbenzeno	0,84 mg/L	–
Fenóis totais (sustâncias que reagem com 4 aminoantipirina)	0,5 mg/L C_6H_5OH	0,5 mg/L C_6H_5OH
Tetracloreto de carbono	1,0 mg/L	1,0 mg/L
Tricloroeteno	1,0 mg/L	1,0 mg/L
Tolueno	1,2 mg/L	–
Xileno	1,6 mg/L	–

6.3 O que mudou da Resolução CONAMA nº 357/05 para a nº 430/11?

A Resolução nº 430/11 dispõe sobre parâmetros, condições, padrões e diretrizes para gestão do lançamento de efluentes em corpos de águas receptores.

As alterações importantes que constam na Resolução nº 430/11 dizem respeito ao avanço no cuidado com os recursos hídricos, dentre os quais podem ser destacados:

- melhoria gradativa do sistema público de esgoto;
- tratamento de efluentes gerados pelos serviços de saúde;
- lançamento de efluentes por emissários submarinos, sob condições específicas;
- tratamento de lixiviado de aterros sanitários em conjunto com esgotos sanitários, o que pode representar inúmeros ganhos ambientais;
- testes de ecotoxicidade em efluentes de sistemas de tratamento de esgotos sanitários, que poderão subsidiar ações de gestão da bacia;
- inserção da qualidade laboratorial em relação aos monitoramentos e laudos produzidos;
- busca de práticas de gestão de efluentes, considerando o uso racional da água, a qualidade de efluentes gerados e o seu reúso.

Amplie seus conhecimentos

Desenvolvendo capacidades para o atendimento dos regulamentos ambientais na bacia do Rio Danúbio

O Rio Danúbio, na Europa Central, é compartilhado por 18 países e se encontra bastante poluído por resíduos industriais e de outras origens. Em uma avaliação realizada em 1999, constatou-se a presença de substâncias perigosas, com a contaminação microbiana e as altas cargas de nutrientes que provocaram a eutrofização (Vousden, 2007); além disso, identificou-se 130 principais poluidores industriais em 11 países (W LEARN TEST). Para responder ao problema da poluição, em 2001, a Organização das Nações Unidas para o Desenvolvimento Industrial (UNIDO) iniciou um projeto de Transferência de Tecnologias Ambientalmente Corretas (TEST) para o rio. O programa TEST busca desenvolver, desde então, a capacidade nas instituições e serviços industriais que possibilitam a identificação das formas menos onerosa de se cumprir com os regulamentos ambientais por meio de mecanismos, tais como a produção mais limpa, o sistema de gestão e contabilidade ambiental e a seleção de metodologias ambientalmente corretas (UNIDO TEST).

O projeto do Rio Danúbio buscava demonstrar que é possível alcançar metas ambientais e, ao mesmo tempo, manter ou melhorar a produtividade econômica e a competitividade à medida em que determinados poluidores industriais atendem às normas de integração da União Europeia e da Convenção para a Proteção do Rio Danúbio. Com isso, mais de 90 empregados foram capacitados no uso da abordagem TEST, e mais de 230 medidas de produção limpa foram implementadas (UNIDO TEST).

O êxito do projeto foi verificado não apenas pela redução da poluição hídrica, mas também pela geração de diversos benefícios para as empresas participantes, incluindo redução de multas, diminuição de custos associados a resíduos (incluindo a reciclagem de resíduos), melhora da qualidade do produto final e geração de oportunidade de marketing (Vousden, 2007).

Vamos recapitular?

Neste capítulo foram abordados os diversos usos da bacia hidrográfica, com suas respectivas qualidades requeridas.

Essas qualidades estão relacionadas aos valores obtidos no lançamento dos efluentes, quer no corpo receptor, quer no sistema público de esgoto.

Várias legislações subsidiam os órgãos responsáveis pelo controle da poluição e o enquadramento do trecho do corpo receptor, que recebe o lançamento de efluentes e aplica as medidas para readequação dos limites de lançamento.

Nesses vários anos de controle da poluição e enquadramento de corpos d´água, usos preponderantes da bacia hidrográfica foram elaborados, além de muitas leis para monitorar e manter a qualidade e quantidade nos corpos d´água. A cada alteração da legislação, são feitas mudanças em função de novas necessidades e de descobertas de metodologias mais eficientes, que permitem a identificação das fontes poluidoras. Caso não haja uma atenção por parte dos organismos responsáveis pelo controle da poluição e impacto ambiental, o futuro daquela bacia hidrográfica poderá ser comprometido, aumentando, assim, a indisponibilidade do recurso hídrico.

Agora é com você!

1) Pesquise em jornais, revistas e sites do IBGE: quais são os parâmetros que devem ser monitorados para indústrias metalúrgicas e quais são os valores limites que devem ser observados pela legislação.

2) Como você identificou a legislação que a enquadrava?

3) Quais são os parâmetros de lançamento de efluentes de sua escola? Lembre-se de que você tem que descrever primeiramente os pontos geradores de efluentes. (Dica: cantina, lançamento dos produtos de limpeza, entre outros).

4) Descreva, em sua opinião, quais são os principais motivos do não cumprimento das legislações pelos geradores de efluentes.

7

Doenças de Veiculação Hídrica

Para começar

O Capítulo 7 abordará a relação entre os usos múltiplos da água e os serviços de saneamento, a alteração da qualidade da água provocada pela interferência do homem por meio de determinadas ações, como desmatamento, aumento da densidade demográfica, dificuldade de acesso aos serviços de saneamento, falta de manejo e usos indevidos dos recursos hídricos, principais fatores que causam doenças de veiculação hídrica.

As medidas de controle tomadas para minimizar os riscos à saúde, devido à falta de disponibilidade da água, serão tratadas por meio de ações governamentais, individuais e coletivas como forma de combate às doenças de veiculação hídrica e como forma de garantir a qualidade de vida da população e a manutenção da disponibilidade dos recursos hídricos.

No mundo, aproximadamente 1 bilhão de pessoas não tem acesso a água potável e cerca de 1,8 bilhões de pessoas não tem acesso ao sistema de saneamento e de esgoto.

Em São Paulo, o índice de serviços de água potável já atingiu 95,7% da população e para coleta de esgoto, 86,7%, mas esses avanços não são suficientes para que os serviços de abastecimento e tratamento de esgotos atinjam a universalização até 2018.

Muitos programas têm sido implantados para contribuir com as metas estabelecidas pelo governo, tais como: Programa de Uso Racional da Água (PURA), cujo objetivo é atuar sobre a demanda de água, conscientizando a população para otimizar o uso da água, evitando, assim, o desperdício; Programa de Perdas, que visa identificar e reduzir riscos e prevenir perdas; Programa Tietê, em que são previstas obras para tratamento e ampliação do índice de coleta de esgotos na Região Metropolitana de São Paulo, entre outros. Essas iniciativas têm por objetivo melhorar a qualidade de vida da população e ampliar o atendimento em relação aos serviços de abastecimento, coleta e tratamento de esgotos.

7.1 Qualidade e eficiência dos serviços de saneamento

O saneamento básico tem por finalidade garantir a saúde, a segurança e o bem estar da população, evitando a exposição de agentes contaminantes, detritos, resíduos, patógenos ou substâncias tóxicas em geral. Para que o saneamento atenda às necessidades, é importante considerar a qualidade das redes dos serviços oferecidos à população quanto ao tipo de tratamento da água utilizada, a manutenção das redes, frequência dos serviços, racionamento e perdas de abastecimento de água oferecido.

De acordo com a Pesquisa Nacional de Saneamento Básico (PNSB), 99,4% dos municípios brasileiros tinham serviços de abastecimento de água. Do total de 5.564 municípios no Brasil, 33 não tinham rede de água e, dentre esses, 21 encontravam-se na região Nordeste, sendo que 11 municípios pertencem ao estado da Paraíba.

A média de distribuição de água no País é de 320 litros por dia, distribuídos da seguinte maneira: Região Sudeste com 450 litros e Região Nordeste com 210 litros; esse valor já sofreu um acréscimo de 73,6% do volume distribuído. A ONU recomenda o uso de 40 litros de água por dia para que cada pessoa possa realizar sua higiene pessoal (tomar banho, escovar os dentes, lavar as mãos) e outras atividades, como cozinhar. Um europeu consome cerca de 150 litros por dia, enquanto que um indiano consome apenas 25 litros.

A água captada pode conter bactérias ou substâncias, sejam elas químicas, orgânicas ou inorgânicas, apontadas pelos indicadores de poluição medidos por meio da Demanda Bioquímica de Oxigênio (DBO) e da Demanda Química de Oxigênio (DQO); além disso, ela ainda pode contar com a presença de cianotoxinas. Essas informações são importantíssimas, uma vez que todos esses componentes podem estar presentes, principalmente, na água consumida. As águas captadas devem sofrer tratamento para garantir o padrão mínimo de qualidade para o abastecimento da população.

A Figura 7.1 mostra um aumento de ocorrência de algas, ou seja, houve um crescimento dos ecossistemas aquáticos (eutrofização), provocado pela alta concentração de nutrientes, como nitrogênio e fósforo, advindos da utilização de fertilizantes na agricultura, da descarga de esgotos industriais e domésticos sem o tratamento adequado, da destruição da mata ciliar dos mananciais, da alta demanda populacional e da falta de saneamento. Esse processo produz mudanças na qualidade da água, reduzindo o oxigênio dissolvido, contribui para a mortandade de peixes, decréscimo na diversidade de espécies da comunidade fitoplantônica e aumento da incidência de florações de algas e cianobactérias que produzem toxinas. As cianotoxinas podem ser neurotóxicas, hepatóxicas ou dematóxicas e essas toxinas são liberadas quando há o rompimento da célula, que pode acontecer quando são aplicados algicidas ou sulfato de cobre.

Figura 7.1 – Poluição no recurso hídrico podendo causar doença hídrica.

7.2 Por que há mudança na qualidade da água?

Embora já tenham sido amplamente discutidos a qualidade da água e seu enquadramento ao uso preponderante, vale a apena reforçar alguns conceitos:

O desmatamento em área de mata ciliar, que protege as margens dos rios, lagos e nascentes, provoca sérios problemas de assoreamento dos corpos d´água, carreamento de matérias e resíduos que comprometem a qualidade das águas. Cabe destacar que, nessas condições, ocorre aumento de turbidez da água, provocando a diminuição de incidência de luz, o que prejudica a manutenção da vida aquática, pois, com isso, aparecem macrófitas que diminuem a quantidade de oxigênio no ambiente e, como consequência, causam a morte de peixes e de outras vidas aquáticas, o que gera desequilíbrio.

Além disso, sem cobertura vegetal e proteção das raízes das árvores, as margens dos corpos d'água desbarrancam, ocasionando transbordamento, enchentes e desvio do curso natural das águas.

Quanto à poluição, tem-se a utilização de rios como receptores dos esgotos das cidades e dos efluentes das indústrias, transformando-os em depósitos de um grande volume de produtos tóxicos e metais pesados, provocando a morte de muitos rios, dentre os quais se destaca o Rio Tietê, em São Paulo. Além do lançamento de efluentes nos rios, a falta de sistemas de tratamento e saneamento faz com que a poluição seja difusa, uma vez que há o arraste do lixo, de maneira que os resíduos e outros diversos tipos de sólidos são levados aos rios por meio da enxurrada.

Já nas zonas rurais, os maiores vilões da água são os agrotóxicos utilizados nas lavouras, seguidos pelo lixo jogado nas águas e margens de rios e lagos, além das atividades pecuárias, como a suinocultura, que possui esterqueiras e currais construídos próximos aos corpos d'água.

Soma-se a esse cenário os acidentes com transporte de cargas de resíduos perigosos e tóxicos, rompimento de adutoras de petróleo, óleo, redes de esgoto e ligações clandestinas. Quanto à água subterrânea, conta-se com fossas negras e lixões como fonte principal de contaminação.

A crise mundial da água quanto a escassez, a desigualdade social e a falta de manejo e usos sustentáveis dos recursos naturais podem provocar doenças hídricas.

As diferenças registradas entre os países desenvolvidos e os em desenvolvimento chocam e evidenciam que a crise mundial está relacionada diretamente às desigualdades sociais.

No continente africano, a média de consumo de água por pessoa é de 15 litros; já em Nova York, esse consumo chega a 2.000 litros. Os dados preocupam mais ainda quando são disponibilizados os números quanto ao acesso de água tratada no mundo: 1,2 bilhão de pessoas não tem acesso à água tratada e 1,8 bilhão de pessoas não tem acesso ao saneamento básico. Como consequência desses números, cerca de dez milhões de pessoas morrem anualmente em decorrência de doenças intestinais transmitidas pela água.

7.3 Doenças provocadas pela veiculação hídrica

Segundo a *United Nations Statistics Division* (UNSD 2008), em 2002, 21% da população dos países em desenvolvimento não tinham acesso contínuo à água potável. As Nações Unidas, após elencar os principais problemas quanto ao desenvolvimento socioambiental, definiu como uma de suas metas do Objetivo do Milênio (ODM) reduzir em 50% esse índice até 2015, com base na população de 1990, proporcionando o acesso à água de boa qualidade para consumo e o esgotamento sanitário adequado.

A relação entre quantidade e qualidade de água tem sido um grande desafio para o abastecimento humano.

Estima-se que cerca de 10% da carga global de doenças seja devido a má qualidade da água e a deficiências na disposição de excretas e na higiene (PRÜS-USTIN *et al.* 2008). Cerca de 90% dos episódios anuais de diarreia em todo mundo são atribuídos a deficiências no esgotamento sanitário e na provisão de água de boa qualidade; desses índices, tem-se 1,5 milhões de mortes em crianças com menos de cinco anos. Esses números, nos casos de diarreia, poderiam ser reduzidos em 94% se houvesse prevenção (WHO/UNICEF 2006).

Destaca-se a relação da água com a saúde humana da seguinte maneira:

» como veículo de agentes microbianos causadores de gastrenterites, especialmente por causa da contaminação fecal, ou de outras infecções como leptospirose, comum em inundações urbanas;

- como veículo de agentes tóxicos, quer natural (exemplo: toxinas biológica, como as das cianobactérias, arsênico) ou de origem antrópica (outros contaminantes químicos provenientes de lançamentos de efluentes industriais);
- como reservatório de vetores de doenças, como os mosquitos transmissores da malária e da dengue, e os hospedeiros intermediários (caramujos) que albergam o verme causador da esquistossomose (*Schistosoma mansoni*);
- impactos físicos diretos (exemplo: inundações em áreas povoadas) ou indiretos (exemplo: danos à produção de alimentos ou à infraestrutura de saúde etc).

As principais doenças causadas por veiculação hídrica dividem-se por tipo de transmissão:

- Transmissão direta por meio da água: ocorre geralmente em regiões desprovidas de serviços de saneamento, provocando as seguintes doenças: cólera, febre tifoide, febre paratifoide, disenteria bacilar, amebíase ou disenteria amebiana, hepatite infecciosa e poliomielite.
- Transmissão indireta por meio da água: esquistossomose, fluorose, malária, febre amarela, bócio, dengue, tracoma, leptospirose, perturbações gastrointestinais de etiologia escura, infecção dos olhos, ouvidos, garganta e nariz.

A seguir, serão descriminadas algumas das doenças mais frequentes, juntamente com a forma de transmissão, sintomas e maneiras de evitar a sua veiculação:

7.3.1 Amebíase

A *Entamoeba hystolitica* e a *Entamoeba coli* são parasitas minúsculos, visíveis somente com microscópio. O principal sintoma causado por essa doença é diarreia persistente. A transmissão ocorre por meio da eliminação de fezes que contaminam as águas; por meio de moscas e baratas que, ao se alimentarem das fezes de pessoas infectadas, também transmitem essa parasitose a outras pessoas, além de poderem transmitir também por meio do contato de patas sujas pelas fezes. Outro meio de contaminação dá-se pela contração de amebas ao comer frutas e verduras cruas que tenham sido regadas com água contaminada ou adubadas com fezes humanas infectadas.

Evita-se a doença utilizando-se privadas, protegendo alimentos de moscas e baratas, protegendo as águas das minas, cisternas, poços, lagoas, açudes e valas de irrigação, não que sejam contaminadas.

7.3.2 Febre tifoide

Febre tifoide é uma doença grave, causada pela bactéria *Salmonella typi*. Ela evolui, geralmente, num período de 4 semanas e a fonte de sua infecção é o próprio doente, ou seja, desde o instante em que ingeriu o bacilo até muitos anos depois, a pessoa contaminada continua disseminando a doença, pois o bacilo persiste nas fezes. A doença é transmitida pelas descargas do intestino (fezes), que contaminam mãos, roupas, alimentos e água.

Os sintomas mais frequentes são: dor de cabeça, mal-estar, fadiga, boca amarga, febre, calafrios, indisposição gástrica, diarreia e aumento do baço.

Evita-se a contaminação com a canalização dos esgotos, tratando a água, combate às moscas, efetuação de vacina, entre outros.

Fique de olho!

Os principais impactos sobre a água relacionam-se a problemas provocados pela própria atividade humana, que causam riscos quanto à quantidade e qualidade da água, provocando alteração nos ecossistemas aquáticos e ocasionado o surgimento de doenças por veiculação hídrica.

Dentre as medidas tomadas para minimizar os riscos à saúde devido à falta de disponibilidade da água, podemos destacar as medidas governamentais, individuais e coletivas como forma de combate as doenças de veiculação hídrica.

Como medidas individuais e coletivas, tem-se:

» Na falta de rede de abastecimento utiliza-se soluções alternativas, como uso de rios, barragens, poços rasos, minas, bicas e nascentes, carros pipas, entre outros; nesse caso, a água deve ser filtrada e clorada.

» Para evitar toxinfecção e intoxicação alimentar, é preciso alimente-se sempre em locais conhecidos, pois a maioria das bactérias se reproduz mais rapidamente com o calor.

» Moradores afetados por enchentes devem se proteger com luvas e botas, evitando o contato com água e lama.

Quanto às medidas governamentais, tem-se:

» Fornecimento contínuo de água de boa qualidade para o consumo humano.

» Coleta regular, acondicionamento e destino final bem equacionado dos resíduos sólidos, diminuindo a incidência dos casos de peste, febre amarela, dengue, entre outros.

» Drenagem e esgotamento sanitário são fatores que contribuem para eliminação de vetores de doenças como: malária, diarreias, verminoses, esquistossomose, entre outros.

7.4 Investimento em saneamento básico

Os relatórios do Banco Mundial apontavam, em 2000, que seria necessário investir US$ 800 bilhões em tratamento e abastecimento de água para minimizar as desigualdades sociais e para enfrentar a situação de falta de saneamento básico, como uma importante ferramenta de saúde pública.

Segundo Martin Gamril, representante do Banco Mundial, o valor econômico da água é fator fundamental para o desenvolvimento sustentável. Segundo ele, "o caso do Rio Nilo, na África, é o exemplo mais evidente de que o valor da água não é só o econômico, mas uma questão de sobrevivência". O governo do Egito já declarou ao governo da Etiópia que, se for retirado mais que 80% da água do Rio Nilo, será declarado guerra. Isso se configura como uma das crises provocadas pelo uso da água.

A Agenda 21, elaborada durante a Conferência Mundial das Nações Unidas sobre Meio Ambiente, a Eco-92, dedicou um capítulo especial para a questão da água, em que se tem, como tema principal, o uso dos recursos hídricos; além disso, todas as nações foram orientadas a recuperar e garantir a qualidade da água.

Em 2000, a Agenda 21 também preconizou a participação de toda a sociedade na gestão de recursos hídricos, no II Fórum Mundial de Água, na Holanda. Nesse evento, surgiu um documento, o "Visão 21 – Água para o Povo", com intuito de fazer com que, até o ano de 2024, toda a população tenha acesso às condições básicas de saneamento e de abastecimento de água.

No Brasil, umas das maiores potências de reserva de água doce do mundo, enfrenta-se situações de seca semelhantes à dos países que praticamente não tem água, afirma Ninon:

> A questão fundamental para garantir esse direito não é tecnológica, nem a falta de recursos financeiros, mas essencialmente a falta de comunicação para que todos possam ter acesso à informação adequada e de modo apropriado. As conclusões da Cúpula do Milênio enfatizam, além da questão vital da água, a erradicação da miséria em todo o mundo, principalmente a partir do acesso às condições mínimas de higiene, saneamento e água potável.

Segundo Samuel Barreto, coordenador do Núcleo União Pró-Tietê e representante do Fórum Paulista da Sociedade Civil nos comitês de bacias, todos esses dados e tratados mundiais a respeito da água remetem à corresponsabilidade da sociedade em buscar soluções para o problema. Ele afirma que:

> Podemos dizer que São Paulo já acumula experiência na gestão de recursos hídricos. São mais de quinze anos de consórcio na bacia do Rio Piracicaba, sendo que na Fundação SOS Mata Atlântica já atuamos com o conceito de bacia hidrográfica há dez anos, com destaque para o projeto Observando o Tietê, em que todos os grupos de monitoramento passaram a atuar nos comitês de bacias e conselhos.

Vamos recapitular?

Foi apresentado, neste capítulo, as diversas fontes poluidoras e as principais doenças de veiculação hídrica que surgem como consequência desse processo.

Também foram mencionados os tipos de transmissão de doenças hídricas. Como forma de mitigação ou erradicação desse cenário, certas medidas devem ser tomadas, tais como: investimentos no saneamento, aplicação dos documentos elaborados com intenção de mudar o comportamento e as posturas quanto à utilização dos recursos hídricos, como Agenda 21 e outros fóruns de igual teor.

Para garantir a quantidade e qualidade da água dos recursos hídricos são necessárias ações de todos os órgãos regulamentadores, dos responsáveis pelas fontes geradoras de poluição e da sociedade civil.

Agora é com você!

Procure na internet um vídeo sobre problemas ambientais e água; leia jornais e revistas, tente ler a Agenda 21 e, por fim, elabore um relatório de que conste sua opinião sobre:

1) Quais são os principais fatores que desencadeiam o aparecimento de doenças de veiculação hídrica?

2) Como você pode prevenir o aparecimento dessas doenças?

3) Com base na Agenda 21, que tipo de investimento você faria para garantir regularidade no abastecimento?

4) Quais são as medidas governamentais, individuais e coletivas que você adotaria para prevenir doenças de veiculação hídrica?

8

Poluição e Contaminação do Solo e da Água

Para começar

Este capítulo tem como objetivo definir os parâmetros básicos pertinentes à conceituação de poluição, com base na possibilidade de aplicação prática dos conhecimentos adquiridos e nos conceitos e limites delineados pela legislação vigente. Detalha também as principais fontes de poluição e explica, de forma acessível, as dinâmicas de dispersão de poluentes. É possível, dessa maneira, demonstrar para o leitor que esses processos são cotidianos, além de apresentar formas possíveis de interferência a essas dinâmicas, de modo a minimizar ou eliminar os impactos ambientais negativos.

As informações apresentadas são a base necessária para entender, de forma gradual, os conceitos oferecidos nos próximos capítulos, bem como, suas definições e metodologias.

8.1 Poluição

Os seres humanos, em função da forma de organização econômica, cultural, estrutural e funcional adotada pelas sociedades, estabelecem, de forma permanente, processos poluentes progressivos, com consequências indesejáveis e significativas para si e para as demais espécies com as quais coabitam, ou seja, para o planeta como um todo.

Os avanços na área médica levam a maior longevidade das populações sem que o aumento de tempo de vida implique, em todos os casos, na melhoria da qualidade de vida.

Figura 8.1 – Se, ao responder a essa questão, você considerou formas de interferência com o meio ambiente, que induzam alterações na natureza da matéria e alterações nos fluxos de energia que afetem de forma indesejável aspectos físicos, químicos, biológicos e mesmo culturais e socioeconômicos, provavelmente você está certo.

Passamos a ter pessoas vivendo mais tempo, mesmo residindo em habitações de baixo padrão, como mostra a Figura 8.2, sem estruturas adequadas de saneamento.

A permanência de certa parcela da população em áreas deficientes sob o aspecto sanitário facilita o contato direto dos indivíduos com agentes infectantes, propicia condições para a proliferação de vetores transmissores de enfermidades e contribui para a redução da qualidade de vida no aspecto estético e de conforto ambiental.

Cada real investido em saneamento economiza R$ 4,00 no setor de saúde (BRASIL, 2004).

Figura 8.2 – Habitações precárias, em áreas desprovidas de estruturas de saneamento, comprometem a salubridade do meio ambiente, do qual o homem faz parte.

O gráfico apresentado na Figura 8.3 comprova, com base em informações fornecidas pelo IBGE (2010), o aumento da expectativa de vida no País:

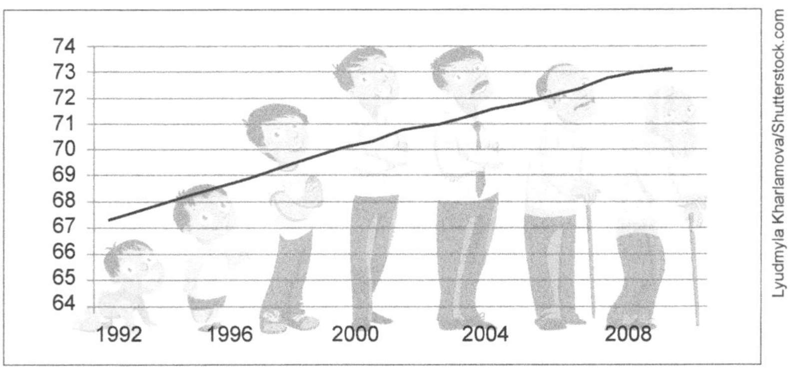

Figura 8.3 – Expectativa de vida ao nascer.

O aumento populacional se constitui em uma causa de geração de impactos ao meio ambiente. A esse tipo de agente, damos o nome de aspecto ambiental. Simplificando, a partir daqui, para efeito das questões ambientais tratadas, podemos chamar "causas" de aspectos e "consequências" de impactos.

8.1.1 Impactos ambientais

O fluxo de energia entre sistemas pode ser tratado como indicativo de ocorrência de equilíbrio ou de ocorrência de impactos que desloquem o equilíbrio do sistema.

Ao considerarmos o desenvolvimento de processos ambientais ao longo do tempo, alterações do nível de energia do sistema podem ser observadas. A Figura 8.4 apresenta, de forma simplificada, um sistema no qual detectamos o decréscimo na energia ao longo do tempo.

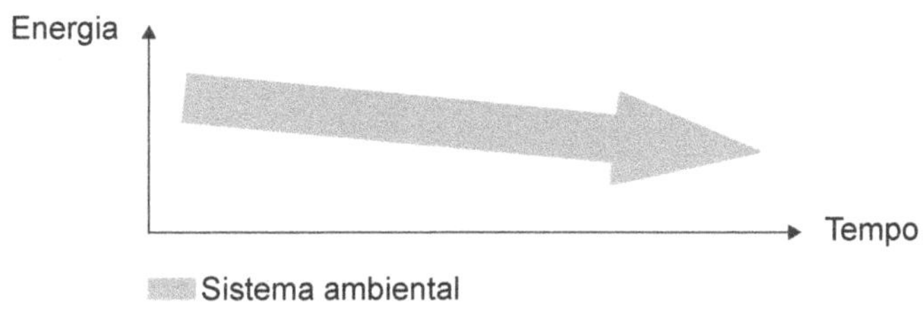

Figura 8.4 – Sistemas ambientais e impactos: sem a ocorrência de impactos ambientais significativos.

Essa redução de energia pode ser entendida como o processo de envelhecimento natural dos componentes do sistema.

Seria possível que, em lugar de um decréscimo do nível de energia, ocorresse um acréscimo, considerando que, se um sistema perde energia, outros ganharão. A energia poderá ser convertida em realização de trabalho ou troca de calor.

Para curtos períodos de tempo, e dependendo da natureza do processo, podemos considerar o patamar de energia do sistema como constante.

É como se olhássemos os processos de maneira tão próxima que o declive passasse a ser imperceptível, da mesma forma que temos a impressão de que o planeta é mais achatado quando observarmos planícies extensas. Adotaremos essa forma de representação para efeito didático, conforme representação da Figura 8.5.

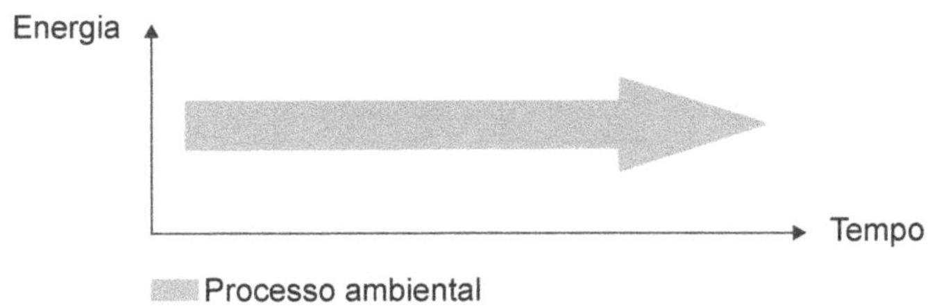

Figura 8.5 – Processos ambientais e impactos: representação didática sem alteração do nível de energia ao longo do tempo.

A ocorrência de impactos ambientais pode afetar significativamente o nível de energia de um determinado sistema ambiental. Se esses impactos forem negativos, identificamos a necessidade de reestabelecimento do patamar energético inicial.

Os impactos ambientais negativos podem ser considerados menos expressivos quando:

- existe a possibilidade de retorno à condição de equilíbrio correspondente ao momento anterior a incidência do impacto;
- o período de tempo para esse retorno é curto.

Veja a Figura 8.6:

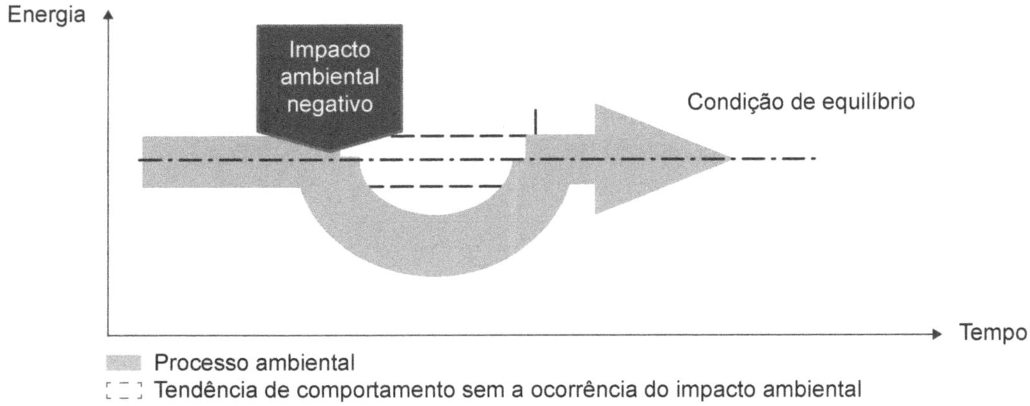

Figura 8.6 – Processos ambientais e impactos: ocorrência de impactos ambientais negativos assimilados pela capacidade de autorrecuperação do sistema.

Na prática, o que pode ocorrer é um retorno do nível de energia do sistema a uma condição próxima a observada no equilíbrio inicial.

Quando o tempo para retorno é muito longo ou ele não é possível, podemos considerar o uso de intervenções do homem para auxiliar no retorno à condição de equilíbrio inicial ou o impacto gerado nesse sistema pode ser compensado em outro local a critério da autoridade ambiental.

No exemplo a seguir, identificamos um patamar energético correspondente ao estado de equilíbrio 1, anterior à incidência do impacto ambiental. Esse estado é seguido por um intervalo de transição para um novo estado de equilíbrio, aqui chamado de estado de equilíbrio 2. Em função da natureza do impacto, houve uma redução do nível de energia do sistema. Essa redução indesejada caracteriza um processo poluente. Essas condições são representadas na Figura 8.7:

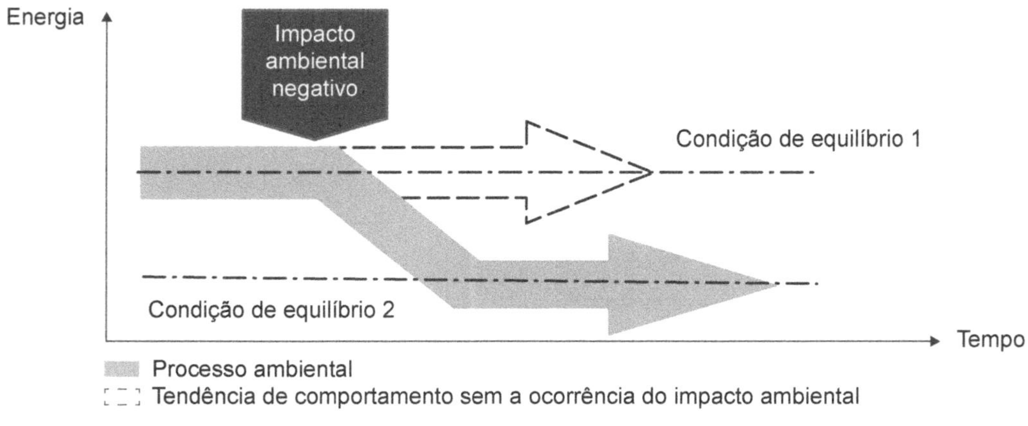

Figura 8.7 – Processos ambientais e impactos: ocorrência de impactos ambientais negativos e significativos.

Para implantação de determinados tipos de atividade, como portos, aeroportos, mineração, entre outros, a Resolução 001, do Conselho Nacional do Meio Ambiente (CONAMA) (BRASIL, 1986), estabelece a necessidade de realização do Estudo de Impacto Ambiental (EIA) e da apresentação de uma versão menos técnica aos afetados, chamada de Relatório de Impacto ao Meio Ambiente (RIMA), para aprovação ou consideração desses. Mesmo que a atividade não esteja prevista na resolução, o órgão ambiental poderá estabelecer a necessidade e os requisitos mínimos para a realização do EIA/RIMA.

8.2 Padrões de consumo e conservação de recursos naturais

Vivemos um momento no qual a necessidade de preservação dos recursos naturais está se instalando na consciência das pessoas.

Esse aprendizado coexiste de forma antagônica com o estímulo permanente ao aumento de consumo de bens e serviços estabelecido pelos meios de comunicação e pela cultura consumista, que é orientada pelas pressões do modelo de desenvolvimento econômico atual. Como consequência, temos pessoas que compreendem, mesmo que intuitivamente, a necessidade de preservação dos recursos, mas que consomem esses mesmos recursos freneticamente, dissociando a consciência da ação.

Em termos globais, a Figura 8.8 ilustra a dinâmica de consumo de recursos naturais:

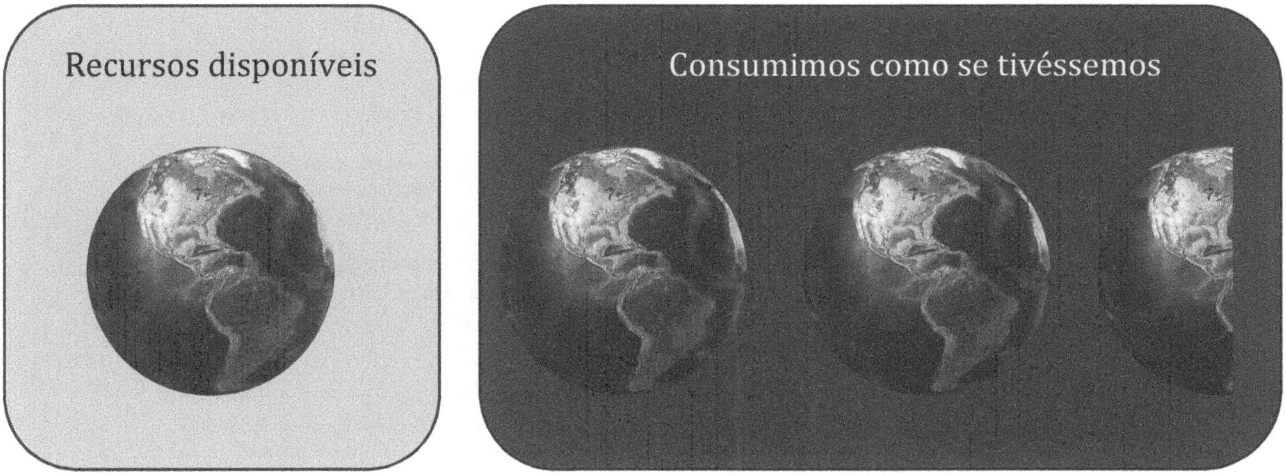

Figura 8.8 – Recursos naturais disponíveis e ritmo de consumo no planeta.

De acordo com o que pode ser observado na figura anterior, consumimos recursos naturais 1,5 vezes a mais do que realmente poderíamos. Isso implica em um orçamento planetário bastante comprometido quando pensamos no nosso futuro e no futuro das próximas gerações.

Esse consumo expressivo está associado não a ações específicas, mas a um modo de vida insustentável.

A dependência de combustíveis fósseis gera gases tóxicos que alcançam os corpos d'água e interferem nos fenômenos climáticos.

A produção agrícola é baseada na monocultura, portanto, ela é mais vulnerável a pragas. Além disso, há necessidade de transporte de alimentos a grandes distâncias em função de uma produção especializada e, para isso, utiliza-se novamente os combustíveis fósseis, uma vez que, no caso do Brasil, como consequência de uma malha ferroviária obsoleta, o transporte dessa produção é feito através das vias rodoviárias, o que faz com que seja necessário o uso de embalagens plásticas para possibilitar o aumento da vida útil do material transportado.

Com isso, tem-se a geração de enormes volumes de resíduos sólidos, biodegradáveis ou não, nem sempre dispostos corretamente, e mais uma vez atingindo o solo e os corpos d'água.

Por conta desses fatos, a manutenção do planeta, mais do que nunca, é vista como uma questão não apenas técnica, mas socioambiental.

Exclusão social e pobreza poluem. Falta de cultura para a sustentabilidade polui. Falta de consciência para a civilidade também polui.

Fique de olho!

O desenvolvimento da visão ambiental global e, por consequência, do conceito de poluição ocorre em função da necessidade de gestão de demandas comuns, como podemos observar na Figura 8.9:

Figura 8.9 – Perspectiva histórica da organização mundial confluente às questões ambientais.

A Agenda 21 foi construída a partir dos compromissos estabelecidos pelo conjunto de países participantes da ECO 92, que orientariam, sob o ponto de vista ambiental, as nações, considerando como marco de transição o século XXI.

Entre os principais postulados, podemos destacar:

- pensar global e agir local;
- a necessidade de não comprometimento da existência e possibilidades de desenvolvimento das gerações futuras.

Amplie seus conhecimentos

Se você quiser saber mais sobre esse assunto, você pode acessar os seguintes materiais:

- CARLSON, Rachel. Primavera Silenciosa. (1962).

A bióloga Rachel Carlson foi uma das primeiras pesquisadoras a tratar da questão da necessidade de proteção do meio ambiente em detrimento do desenvolvimento desenfreado.

Seguem também, como sugestão para leitura, alguns dos protocolos de intenções que surgiram a partir da Conferência ECO 92 e discussões subsequentes:

- Agenda 21 Global, disponível em: <http://www.mma.gov.br/responsabilidade-socioambiental/agenda-21/agenda-21-global>.
- Agenda 21 brasileira, disponível em: <http://www.mma.gov.br/responsabilidade-socioambiental/agenda-21>.
- Agenda 21 local, disponível em: <http://www.mma.gov.br/responsabilidade-socioambiental/agenda-21/agenda-21-local>.
- Protocolo de Kyoto, disponível em: <http://www.mma.gov.br/informma/item/10043-brasil-se-torna-refer%C3%AAncia-mundial-no-combate-ao-aquecimento-global>.
- Objetivos do Milênio para 2015, disponível em: <http://www.pnud.org.br/ODM.aspx>. Acessos em: 5 jul. 2014.

Continuando esse raciocínio, para compreendermos um conceito aplicável de poluição, vamos visualizar o papel do poder público no estabelecimento e controle de parâmetros.

Compreenda que o poder público, ou seja, o governo, tem como atribuição estabelecer limites para que esse entendimento seja definido de forma objetiva, mensurável e gerenciável.

Em um regime democrático como o nosso, o poder público é eleito. São representantes desse poder: o presidente, os governadores, os prefeitos, os deputados e os vereadores, ou seja, quando eles estabelecem as políticas públicas e as normas de controle ambiental, eles estão representando quem os elegeu. Você!

8.3 Poluição na prática

Ao falarmos sobre a conceituação de poluição, a legislação brasileira estabelece o que podemos entender como poluição no território nacional, estabelecendo limites e condições específicas de controle, bem como políticas públicas para gerenciamento, aferição da efetividade das ações dos particulares e dos entes públicos.

Esses limites não são imutáveis e a legislação ambiental tende a estabelecer critérios progressivamente restritivos.

Mesmo a obrigatoriedade de articulação entre políticas públicas de natureza diversa é prevista nessas normas.

Fique de olho!

O uso e a ocupação do solo interferem na qualidade dos recursos hídricos.

Hoje é obrigatório que os planos municipais diretores do uso e a ocupação do solo sejam compatibilizados com os planos diretores de bacia hidrográfica. Os planos diretores de saneamento também devem ser subordinados aos planos de bacia.

Continuando com a construção do conceito de poluição, localizaremos na legislação existente os subsídios para esse delineamento.

O Decreto Estadual Paulista nº 8.468/76, que regulamenta a Lei Estadual nº 977/76, estabeleceu, a partir de sua criação, uma nova perspectiva de controle da poluição ambiental.

Era um momento no qual havíamos iniciado o entendimento de que a degradação do meio ambiente não poderia ser um custo desprezado nos processos de desenvolvimento econômico e tecnológico.

O decreto descreve como poluição as substâncias lançadas no solo, no ar e nas águas, em desacordo com os padrões de emissão que ele define. Considera ainda nos critérios de manutenção da salubridade ambiental a espacialidade das fontes poluidoras ao tratar de sua localização.

Wonderisland/Shutterstock.com

Figura 8.10 - O padrão de qualidade para descarte de efluentes líquidos depende de critérios dinâmicos relativos ao nível de tratamento e ao condicionamento exigido e dos usos pretendidos para o corpo d'água.

O aspecto dinâmico dessa legislação está vinculado aos padrões de condicionamento e lançamento dos efluentes, que consideram o uso pretendido do recurso hídrico ou mesmo a poluição gerada.

Ele observa ainda que, caso as substâncias dispostas no meio ambiente possam ser nocivas, mesmo quando não citadas nos padrões de emissão estabelecidos, elas podem passar a ser objeto de restrição relativa. O decreto proíbe o ato de poluir (SÃO PAULO, 1976).

De forma análoga à legislação paulista, a Lei Federal nº 6.938/81 estende para o Brasil o estabelecimento de parâmetros que definem o entendimento dos processos poluentes, permitindo, assim, seu monitoramento, controle e gerenciamento. (BRASIL, 1981)

A Resolução nº 001/86, do Conselho Nacional do Meio Ambiente (CONAMA) considera como impacto ambiental:

> [...] qualquer alteração das propriedades físicas, químicas e biológicas do meio ambiente, causada por qualquer forma de matéria ou energia resultante das atividades humanas que, direta ou indiretamente, afetam a saúde, a segurança e o bem-estar da população; as atividades sociais e econômicas; a biota; as condições estéticas e sanitárias do meio ambiente; a qualidade dos recursos ambientais. (BRASIL, 1986, p. 1).

Entenderemos, nesse capítulo, a poluição como sinônimo de impacto ambiental negativo.

Definido o conceito de poluição, fica clara a base para o desenvolvimento de metodologias de monitoramento e controle, e mesmo o estabelecimento de planos emergenciais e de contingenciamento em situações críticas.

Ao observarmos esse conjunto de normas, devemos ter em mente os tipos de poluição a seguir:

» Poluição a partir da emissão de substâncias tóxicas em qualquer meio (atmosférico, aquático ou terrestre), em concentrações além das definidas na legislação ou associadas à possibilidade de geração de efeitos negativos ao meio. Essas substâncias podem atuar por meio de mecanismos químicos ou biológicos.

» Poluição a partir da emissão ou absorção de energia além dos limites estabelecidos como seguros, provocando, por exemplo, aquecimento excessivo, resfriamento excessivo, emisão de radiações ionizantes em intensidade prejudicial etc.

» Poluição a partir da alteração das propriedades físicas do meio que causem efeitos danosos. O assoreamento de um rio a partir do depósito de material originado da construção civil pode gerar impactos negativos, por exemplo.

Fique de olho!

Em temperaturas abaixo de 0 °C, as pontes de hidrogênio formadas pelas moléculas de água fazem com que, ao contrário dos outros líquidos, a água congelada tenha densidade menor que a água líquida, fazendo com que o gelo flutue, o que permite o trânsito de seres vivos sob a camada de gelo. Se não fosse assim, a formação de gelo nos rios, lagos e mares não permitiria a maior parte das formas de vida nesses ambientes.

À temperaturas elevadas, ocorre a redução da solubilidade do oxigênio nas águas, permitindo, a medida em que essa redução prossegue, apenas a sobrevivência das espécies mais resistentes. Caso essa redução da disponibilidade de oxigênio ocorra de forma abrupta, a mortandade de peixes será ainda mais acentuada em virtude da imposibilidade de adaptação mesmo das espécies mais resistentes.

8.3.1 Patrimônio histórico e cultural

A cultura e suas formas de expressão, ainda que uma delas possa ser observada por meio dos conjuntos caracterizados como patrimônio histórico, fazem parte do meio ambiente, havendo, portanto, a possibilidade de que sofram impactos, tanto positivos como negativos, como se observa na Figura 8.11.

Figura 8.11 – A cultura indígena, quilombola ou regional também é vulnerável a impactos ambientais.

Grandes empreendimentos associados às obras civis, no momento de sua implantação, geram transtornos e impactos que podem afetar tanto aspectos históricos e culturais, como temporariamente a rotina de localidades habitacionais.

Exemplos dessas interferências são a contaminação da cultura de comunidades indígenas, a destruição de sítios arqueológicos e os transtornos gerados aos moradores de entorno do empreendimento (interferência com o tráfego, a geração excessiva de ruído, o desprendimento na atmofera de material particulado etc.).

É necessário, no planejamento moderno de obras, o dimensionamento de custos associados à proteção ambiental, mesmo para ações como identificação de sítios arqueológicos existentes no trajeto planejado de obras, como mostra a Figura 8.12. A orientação é, na maioria das vezes, preservar o sítio e adotar um novo traçado para a obra.

Figura 8.12 – Os sítios arqueológicos devem ser preservados na medida em que representam a materialização da história.

8.3.2 A perspectiva sistêmica da poluição

A poluição, mesmo que lançada em um meio específico (meios atmosférico, aquático e terrestre), pode atingir os meios vizinhos em decorrência da natureza cíclica dos processos ambientais, sendo eles de qualquer tipo, ou seja, a dispersão ocorrerá em maior ou menor grau, sendo imperceptível em algumas condições e determinante em outras. Dessa forma, a poluição atmosférica corresponde à poluição do solo e dos recursos hídricos. Com isso, o manejo inapropriado de resíduos sólidos gera a poluição das águas e do solo, como ilustra a Figura 8.13.

Somchai rakin/Shutterstock.com

Figura 8.13 – Os resíduos sólidos acondicionados indevidamente ou lançados no meio ambiente poluem o solo, os recursos hídricos e a atmosfera.

Na natureza, os ciclos biogeoquímicos estabelecem condições de renovação cíclica dos componentes.

Consideraremos, nesse capítulo, os ciclos biogeoquímicos da água, do carbono, do nitrogênio e do fósforo. Esses ciclos são apresentados para possibilitar o seguinte entendimento: interferir negativamente nesses ciclos é poluir.

8.3.2.1 Ciclo da água

O ciclo da água, apresentado na Figura 8.14 é de grande importância no entendimento do funcionamento do planeta. As águas evaporam e transpiram a partir da superfície aquosa dos mares e rios, do solo, da vegetação e dos animais, saturando a atmosfera até que ocorra sua precipitação em forma de chuva.

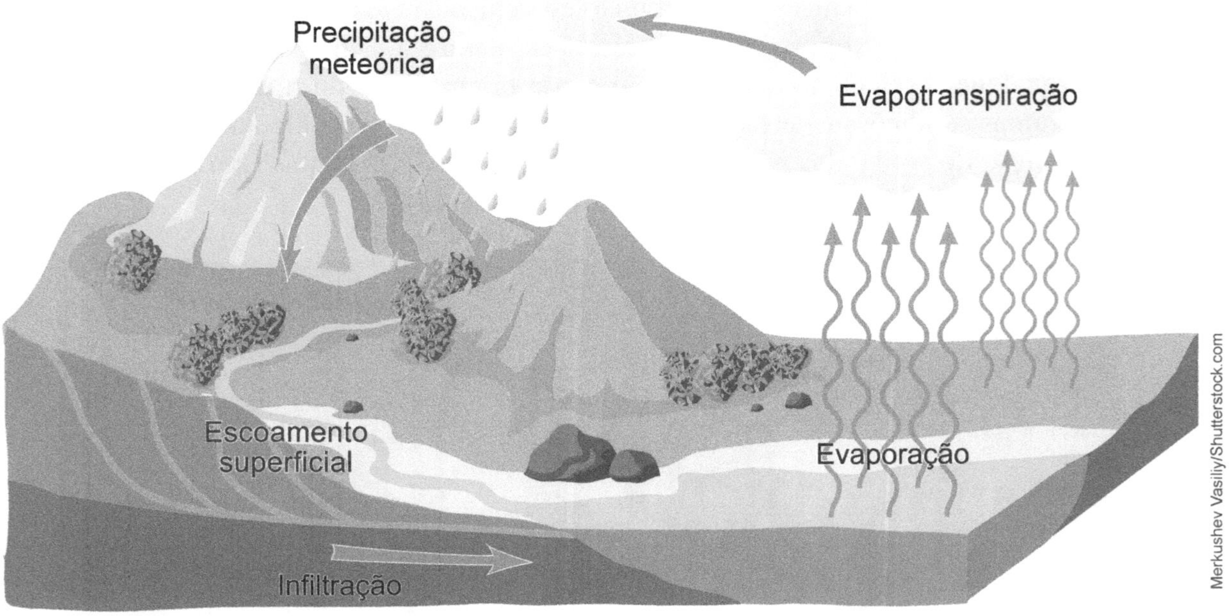

Figura 8.14 – Ciclo da água.

É importante considerarmos que a ação do homem interfere de diversas formas nesse ciclo.

O aumento da temperatura média do planeta, provocado pelos fenômenos climáticos indesejáveis, interfere na velocidade desses ciclos, aumentando, assim, o nível dos oceanos.

A impermeabilização excessiva do solo, ocasionada pela urbanização, impede a infiltração das águas no solo, aumentando o volume de escoamento superficial e impedindo a purificação da água pela ação biológica dos microrganismos presentes no solo. O aumento do escoamento superficial pode ser responsável por enchentes, gerando, consequentemente, impactos ambientais negativos.

Nas margens dos rios, desenvolve-se um tipo de vegetação de grande interesse na purificação das águas superficiais, chamada mata ciliar. Ela faz o papel de filtro, purificando as águas a partir de atividades físicas e biológicas, contribuindo para a prevenção do assoreamento dos corpos d'água superficiais.

Fique de olho!

Imagine que vários produtores poluem a água de um determinado rio. O governo gasta dinheiro público para despolui-lo sem que as empresas sejam responsabilizadas pelos danos ambientais causados. Lembre-se de que a água, apesar de ser um bem comum, possui valor econômico.

A poluição, externa ao processo produtivo, é considerada uma externalidade. Na medida em que as empresas pagam pelo direito de poluir, a externalidade passa a ser internalizada ao processo produtivo e as empresas começam a reduzir as cargas poluentes, as quais geram encargos financeiros. O objetivo geral não é apenas arrecadar recursos aos cofres públicos, mas também inibir a poluição.

8.3.2.2 Ciclo do carbono

O ciclo do carbono envolve as substâncias orgânicas e as inorgânicas cuja constituição apresenta é baseada no elemento químico carbono.

Podemos visualizar o carbono como o material construtor das formas de vida conhecidas pelo homem. Quando essas formas se decompõem, formam-se, como produto principal, o gás carbônico (CO_2), em meio aeróbio, e, o gás metano (CH_4), em meio anaeróbio.

Na medida em que produzimos artificialmente grandes safras de diversos alimentos e utilizamos apenas 1/3 dessa produção para consumo, o desperdício passa a ser um componente representativo quando comparado a outras fontes poluidoras, responsável pela poluição do solo, das águas e da atmosfera.

A utilização de compostos orgânicos artificiais, considerando que uma grande parte dessas substâncias tem como característica uma baixa degradabilbidade, interfere negativamente nos ciclos biogeoquímicos. Muitos compostos orgânicos derivados do petróleo são exemplos desses compostos.

Como podemos observar na Figura 8.15, o petróleo é um depósito de carbono imobilizado pela natureza e que é colocado em circulação pelo homem por meio da indústria petroquímica.

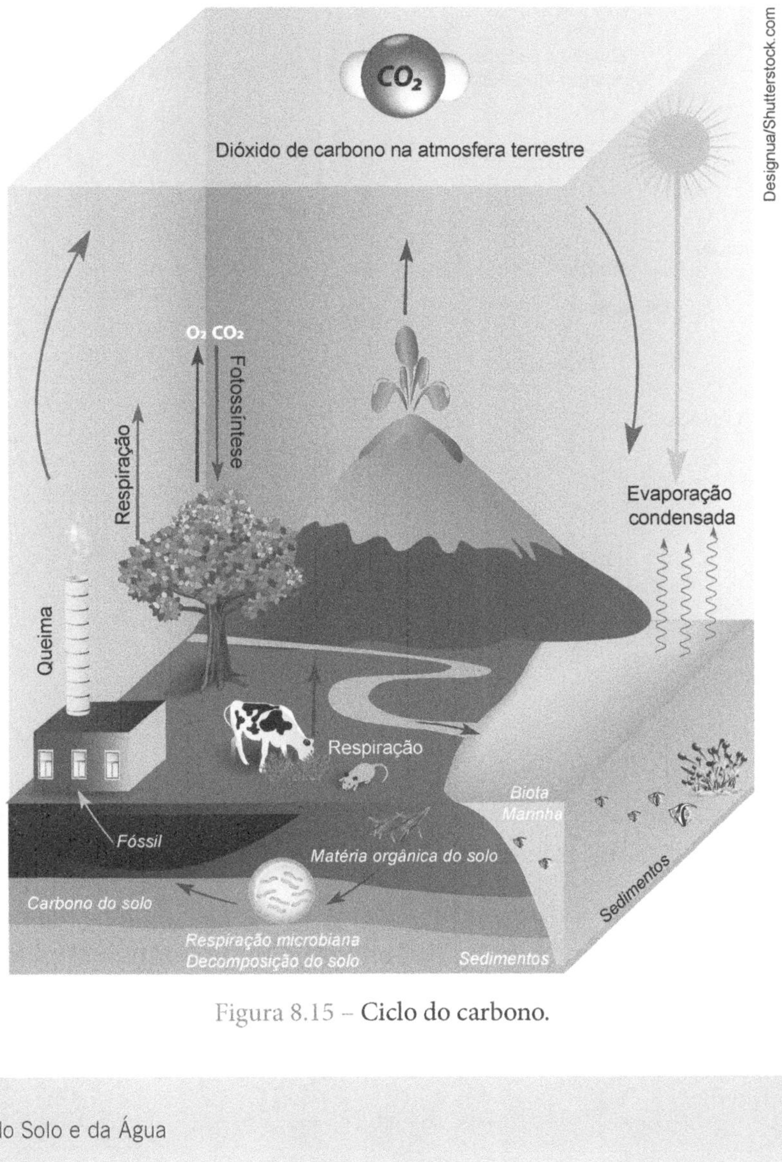

Figura 8.15 – Ciclo do carbono.

8.3.2.3 Ciclo do nitrogênio

O ciclo do nitrogênio é o mais autônomo dos ciclos tratados. Uma vez que as bactérias acessam o nitrogênio atmosférico para fixá-lo no solo e nas águas, ele possui, dentro de determinados limites, uma dinâmica própria.

No caso de contaminação das águas por esgotos sanitários, podemos compreender se a contaminação é recente em função da identificação dos elementos presentes no ciclo (Figura 8.16).

Esgotos frescos serão ricos em amônia (NH_3), enquanto esgotos envelhecidos terão maiores concentrações de nitrato (NO_3). O nitrito (NO_2) é uma fase intermediária entre a amônia e o nitrato, possuindo menos significado sanitário.

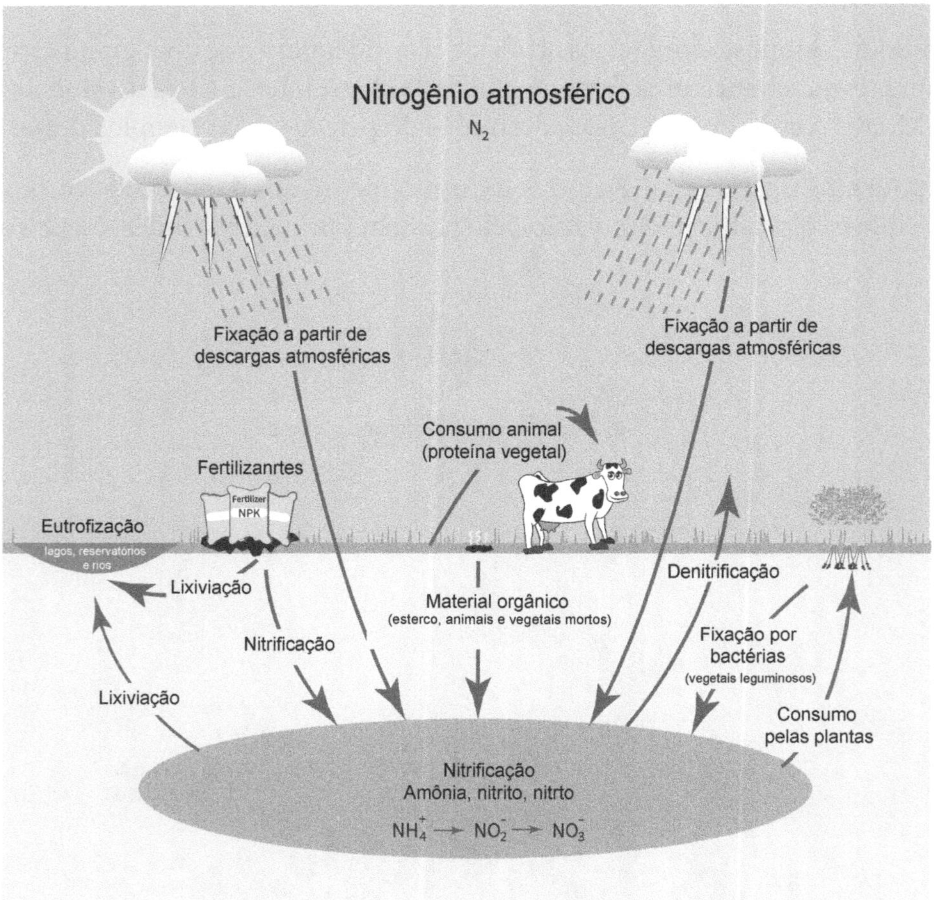

photoiconix/Shutterstock.com

Figura 8.16 – Ciclo do nitrogênio

8.3.2.4 Ciclo do fósforo

O fósforo é de grande interesse sanitário e trataremos dele novamente, bem como de sua importância no capítulo sobre tratamento de esgotos.

A existência da vida prevê a disponibilidade de uma série de nutrientes. Um grupo especial, por ser requerido em maiores quantidades, é chamado de macronutrientes. São eles o nitrogênio e o fósforo.

O ciclo do fósforo é compreendido pela utilização das reservas naturais desse elemento presentes nos solos e nas águas pelos seres vivos, conforme indicado na Figura 8.17.

Como vimos anteriormente, o nitrogênio possui uma dinâmica própria de fixação, cabendo, na maioria dos casos, ao fósforo o papel de limitar a atividade biológica.

Considerando o fósforo como nutriente limitante, entendemos que seu excesso pode permitir o desenvolvimento de algas e plantas em excesso nas águas, reduzindo significativamente as concentrações de oxigênio, criando condições para a mortandade de peixes, algas e vegetais e contaminando as águas com esse material. Na Figura 8.18, podemos observar uma floração de algas.

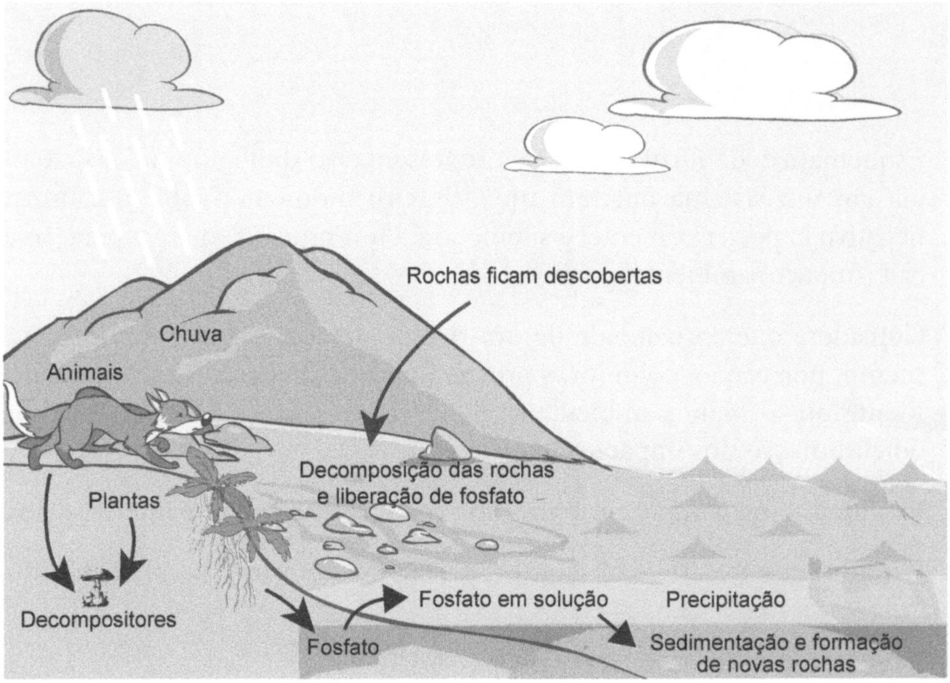

Figura 8.17 – Ciclo do fósforo.

Figura 8.18 – Eutrofização: florações excessivas de algas que ocorrem em função de concentrações elevadas de nutrientes.

Vamos recapitular?

Foram descritos nesse capítulo os parâmetros legais que definem o conceito de poluição, bem como a relação entre processos e impactos ambientais, e nível de energia dos sistemas ambientais.

O capítulo tratou, ainda, dos principais processos poluentes e da interação entre os meios ao considerarmos a dispersão de poluentes. A apresentação dos ciclos biogeoquímicos ilustrou também a dimensão da poluição.

Agora é com você!

1) Esquematize, de forma análoga à representação da Figura 8.7, as alterações de energia em um sistema que, em um primeiro momento, sofre um impacto ambiental negativo e, posteriormente, é submetido a um processo de recuperação ambiental parcial (impacto ambiental positivo).
2) Considere que a qualidade de um rio foi afetada, a partir de um determinado momento, por cargas poluidoras provenientes de diversas fontes residenciais dispersas. Identifique os danos ambientais possíveis e estabeleça ações possíveis para a redução ou eliminação dos impactos negativos.
3) Explique como a impermeabilização excessiva do solo pode interferir no ciclo da água.
4) Explique como a atividade agropecuária pode interferir no ciclo do nitrogênio.
5) Esquematize o ciclo do fósforo.

9

As Águas que Vamos Tratar

Para começar

Esse capítulo tem por finalidade auxiliá-lo a entender as características das águas submetidas a tratamento com a finalidade de suprir o abastecimento doméstico.

Formas práticas de caracterização serão apresentadas e o auxiliarão a compreender a aplicabilidade dos sistemas de tratamento discutidos nos Capítulos 10 e 11.

Abordaremos também a gestão de recursos hídricos nessa perspectiva, para entendermos como é possível diminuir as demandas de tratamento.

9.1 Generalidades

Como é de conhecimento geral, a água é é vida! E não necessariamente vida humana.

A lupa ilustrada na Figura 9.1 foi utilizada, de maneira didática, para indicar que em uma determinada quantidade de água, aparentemente límpida, existe a possibilidade de encontrarmos impurezas e seres microscópicos, prejudiciais à saúde humana, tais como: vermes, bactérias e vírus.

No Capítulo 10, aprendemos sobre a conceituação de poluição, que orienta o tipo e a intensidade do tratamento para potabilização.

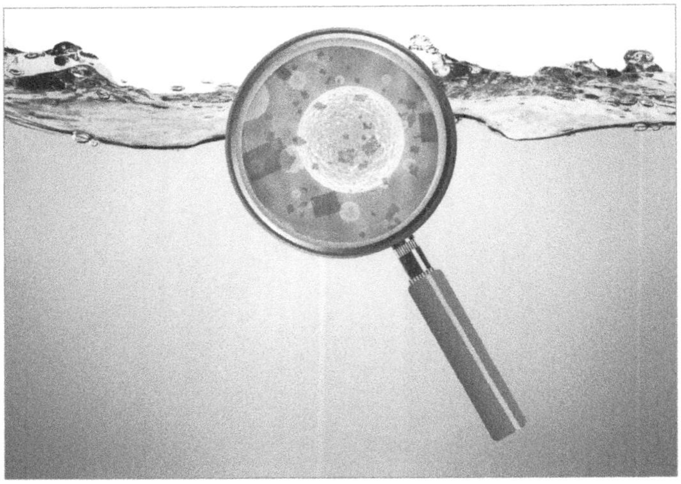
Robert_s/Shutterstock.com
Magnifiko/Shutterstock.com
Optimarc/Shutterstock.com
Jezper/Shutterstock.com

Figura 9.1 – Contaminação da água.

Na prática, ao tratarmos a água, consideraremos as impurezas como indicativo da presença de material biológico, ou também como obstáculo imposto pelo meio à adequada desinfecção. As impurezas podem ser entendidas não apenas como barreira física protetiva de microrganismos, mas como um obstáculo químico, uma vez que concorrerem com os microrganismos pelo consumo de material oxidante, o desinfetante.

Ao calcularmos o volume de desinfetante para um determinado processo, o binômio formado por concentração × tempo deve ser controlado para que possamos garantir máxima eficácia e eficiência.

Com base em uma abordagem sistêmica, devemos considerar, ao observar a qualidade das águas, a adoção de um determinado sistema de tratamento que permita impedir o descarte de efluentes domésticos não tratados nos mananciais, evitar a eutrofização dos corpos d'água, controlar a qualidade das águas pluviais que escoam para os pontos de interesse para abastecimento, disponibilizar tecnologias que, ao efetuarem o tratamento das águas, não gerem subprodutos indesejáveis, utilizando como critério a toxicidade e a interferência com características organolépticas como cor, sabor e odor.

9.2 Gestão de recursos hídricos

A melhor forma de tratar a água é mantê-la limpa e em um ambiente preservado de impactos ambientais negativos.

Mesmo quando consideramos um determinado ambiente preservado, compreendemos que não há mais ambientes intocados. Mesmo com a atmosfera, um meio comum a todo o planeta, impactos chegam aos mais diversos cantos da Terra. Estamos tratando, portanto, da intensidade e abrangência dos impactos.

Essas condições conferem à gestão de recursos hídricos um papel muito importante na preservação das águas, considerando aspectos quantitativos e qualitativos.

A unidade de gerenciamento para o desenvolvimento do processo de gestão de recursos hídricos é a bacia hidrográfica, como pode ser observado na Figura 9.2.

As águas possuem valor econômico, sendo esse valor também associado à sua existência, ou seja, ele não depende integralmente de uma determinada atividade econômica vinculada.

Figura 9.2 – Bacia hidrográfica, a unidade de gerenciamento de recursos hídricos.

Uma vez que as coleções de águas possuem usos diversos, quando outros valores, além do valor de existência, lhe são atribuídos, é necessário estabelecer não apenas no discurso, mas na adoção de práticas arraigadas o uso associado ao abastecimento de água potável para seres humanos como uma prioridade para garantir a segurança alimentar. Esse uso concorre com diversos outros, entre os quais podemos destacar: a irrigação, a pesca, a dessedentação de animais, o uso industrial, o transporte, usos recreacionais e a diluição de esgotos, como ilustra a Figura 9.3.

Claudia Mejia Castillo/Shutterstock.com

Figura 9.3 – Os usos múltiplos da água envolvem necessidades, como manutenção da vida aquática, abastecimento humano e dessedentação de animais, além de atividades, como transporte, pesca e irrigação.

Formas de atender a essas necessidades são, além do estabelecimento de políticas públicas de gestão participativa, como as coordenadas pela Agência Nacional de Águas (ANA), uma maneira de controlar as fontes poluidoras, de dar atenção a atividades agrícolas e ao transporte fluvial e marítimo, de regulamentar a pesca e a aquicultura, entre outras formas de controle.

Subordinados à ANA estão os Comitês de Bacia Hidrográfica, em que, no caso dos rios de domínio estadual, a gestão é realizada a partir de uma representação tripartite, composta pelos governos estadual e municipal e pela sociedade civil organizada. Quando o domínio sob o aspecto administrativo dos rios é federal, o que ocorre quando os rios pertencem a mais de um estado, além dos componentes anteriores, temos a participação de ambos os estados e o envolvimento direto da própria ANA.

Os comitês são responsáveis pela elaboração do Plano de Bacia Hidrográfica. Além de estabelecerem as necessidades específicas da bacia, os referidos planos determinam os critérios para a cobrança pelo uso de água da bacia em função de seu tipo de utilização e da fase em que se encontra no ciclo da água.

A gestão se baseia também, quando observamos os usuários, no par outorga/ licença. Entendemos de forma simplificada o conceito de outorga como autorização para utilização de um determinado volume por um período estabelecido. A licença está associada à forma de utilização e possíveis impactos ambientais negativos, provenientes da utilização da água. Tanto a outorga, como a licença são renováveis mediante critérios técnicos.

9.2.1 Águas superficiais

As águas superficiais são formadas pelas precipitações atmosféricas e pela contribuição de afloramentos das águas subterrâneas. Essas águas podem se organizar em fluxos permanentes ou intermitentes, chamados rios perenes ou intermitentes, respectivamente (Figura 9.4).

Figura 9.4 – Rio Amazonas: o maior rio do mundo em volume de água e em comprimento.

A primeira chuva, após um determinado período de seca, terá o papel de limpeza da superfície da bacia hidrográfica. A carga de poluentes transportada por essas águas é chamada de carga difusa.

A natureza, a concentração e a densidade da ocupação da bacia hidrográfica determinam a composição e a concentração da carga difusa.

Quando a bacia hidrográfica é coberta por vegetação preservada, a carga difusa transportada pelas águas pluviais será composta por material orgânico em decomposição, formado por animais mortos e seus dejetos, e por folhas e restos de galhos. Materiais superficiais, como terra e argila, também podem ser transportados. A mata ciliar executa um papel importante, pois funciona como um filtro físico e biológico natural, reduzindo a possibilidade de assoreamento e melhorando a qualidade das águas dos rios.

Os mangues e brejos, ilustrados na Figura 9.5, são áreas onde o material sólido arrastado pelas águas da superfície das bacias hidrográficas se acumula e encontra condições para sua decomposição. A abundância de nutrientes proveniente desses processos favorece a ocorrência de diversas formas de vida, além da reprodução de peixes e espécies aquáticas, bases da cadeia alimentar e do desenvolvimento da comunidade bentônica (seres habitantes dos sedimentos).

Na medida em que esses sistemas auxiliam na retenção e decomposição dos materiais sólidos, eles previnem, consequentemente, os assoreamentos.

A delimitação de áreas protegidas denominadas como Áreas de Proteção Permanente (APP), localizadas nas margens dos rios e locais de desenvolvimento da mata ciliar, representam o cuidado com mangues, brejos e estuários, áreas que, além da riqueza de espécies, possuem grande vulnerabilidade ambiental. Essa delimitação também evidencia as necessidades mínimas estabelecidas na preservação de recursos hídricos.

guentermanaus/Shutterstock.com

Figura 9.5 – Pantanal Mato-Grossense, região rica em áreas alagadas, onde a disponibilidade de nutrientes é elevada.

Fique de olho!

A cadeia alimentar implica uma sucessão de níveis tróficos iniciadas com os produtores, ou seja, organismos que, quando tem à disposição nutrientes, conseguem sintetizar o próprio alimento.

Os níveis tróficos a seguir se utilizam de nutrientes sintetizados a partir do nível anterior. Não há energia suficiente nesses ciclos para que a sucessão se expanda além do consumidor quaternário, como se observa na Figura 9.6.

Nos estuários, há grande disponibilidade de nutrientes, porém, em casos de excesso, como consequências ambientais, teremos a mudança qualitativa das espécies e a redução da concentração de oxigênio nas águas.

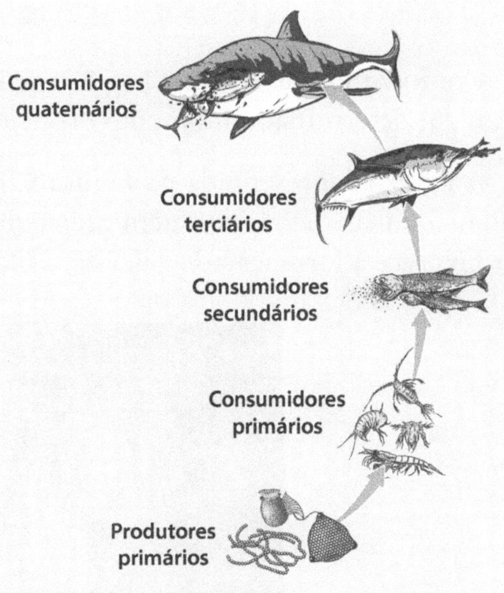

LSkywalker/Shutterstock.com

Figura 9.6 – Cadeia alimentar aquática.

Nos casos em que a área da bacia hidrográfica possui um nível expressivo de urbanização, como mostrado na Figura 9.7, as águas pluviais serão responsáveis pela limpeza das ruas, que podem conter materiais diversos, como embalagens plásticas, restos de combustíveis e óleos minerais, contaminantes químicos, areia proveniente de construções, material particulado originado pela fuligem desprendida dos veículos automotores, entre uma gigantesca gama de possibilidades.

Além da contaminação química das águas, essas cargas podem ser responsáveis pelo assoreamento de rios, de lagos e de reservatórios, pelo aumento da concentração de nutrientes, permitindo a ocorrência de processos de eutrofização dos corpos d'água, pela redução dos teores de oxigênio disponíveis para as formas de vida ali residentes, que, em casos extremos, será responsável pela mortandade de peixes, entre outros.

Uma vez que habitamos o planeta e continuamos a expandir a ocupação humana, será necessária a adoção de formas de ocupação menos impactantes ao meio ambiente, de modo que o consumo de recursos hídricos seja minimizado e que as cargas poluidoras geradas sejam reduzidas substancial e progressivamente.

Thiago Leite/Shutterstock.com

Figura 9.7 – Bacia hidrográfica do Rio Pinheiros em São Paulo, exemplo de bacia hidrográfica urbanizada.

As estações de tratamento de esgotos são unidades responsáveis pela redução dessas cargas poluidoras.

9.2.2 Águas subterrâneas

Como vimos até o momento, as águas subterrâneas são uma fase pela qual os recursos hídricos passam em determinado momento do ciclo da água.

A caverna apresentada na Figura 9.8 é um exemplo de depósito dinâmico, localizado em uma região na qual as rochas possuem uma constituição rica em carbonato e cuja solubilidade parcial nas águas favorece a formação de galerias subterrâneas.

Isabelle Kuehn/Shutterstock.com

Figura 9.8 – Caverna com constituição rica em carbonato, local onde podemos visualizar, de forma privilegiada, o fluxo das águas subterrâneas.

Quando o solo é poroso, a água percola pelos interstícios até encontrar camadas impermeáveis de rocha ou argila, e, na maioria dos casos, segue subterraneamente para o mar.

Deve-se considerar que, na rocha, existem fendas pelas quais a água pode transitar.

Esse processo dinâmico permite a formação de grandes conjuntos de águas subterrâneas chamados aquíferos.

Esses aquíferos, quando ocorrem suspensos em função da existência de formações rochosas, são chamados aquicludes. São reservatórios subterrâneos que permitem as minas, os rios e as cachoeiras serem observadas em montanhas.

O aquífero Guarani ultrapassa as fronteiras brasileiras, estendendo-se ao Uruguai, Paraguai e Argentina, conforme indica a Figura 9.9.

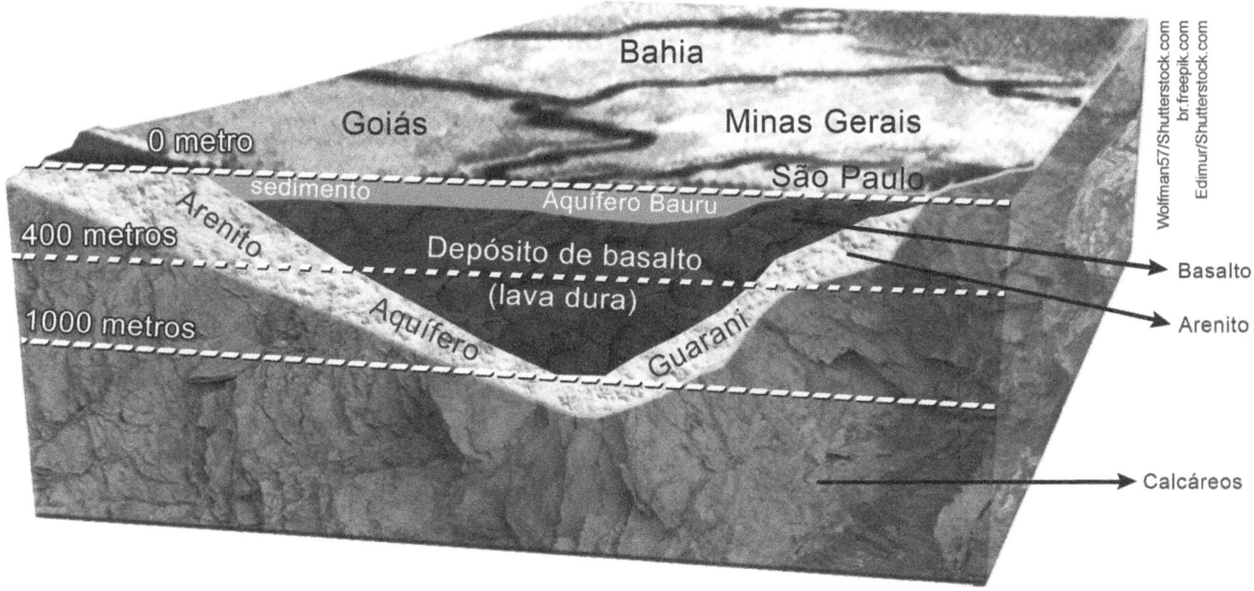

Figura 9.9 – Representação tridimensional do Aquífero Guarani.

No perfil apresentado na Figura 9.9, o basalto, originário de atividade vulcânica é impermeável (fissurado, permitindo a passagem de água por fraturas) e possui duas interfaces bem definidas:

- acima, é coberto continuamente por material sedimentar, meio pelo qual percolam as águas do aquífero Bauru;
- abaixo, o aquífero Guarani é confinado em uma composição permeável composta predominantemente por arenito.

Podemos observar no Mapa 9.1 as áreas potenciais de recarga do aquífero e entendê-las como áreas de maior potencial para a contaminação do conjunto de águas subterrâneas. É necessário considerar que os processos apresentados na ilustração são parte do ciclo da água e representam tendências. Essas tendências estão sujeitas às condições climáticas, volume momentâneo do aquífero, nível de impermeabilização do solo em função das formas de urbanização e incidência de pastagens na superfície, entre outros fatores.

Mapa 9.1 - Aquífero Guarani - Representação esquemática (BRASIL - MMA, 2009)

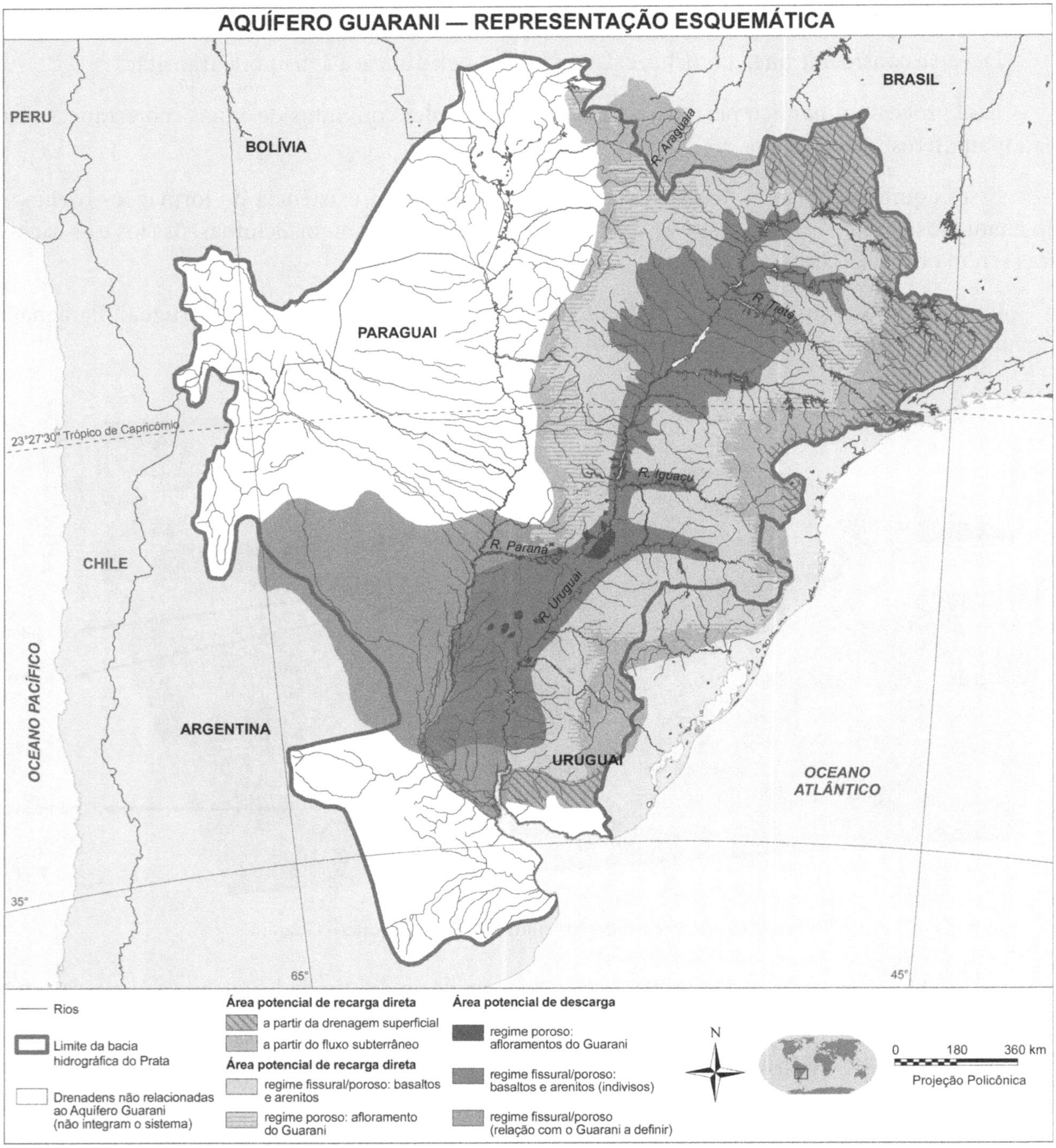

O aquífero Alter do Chão é considerado, atualmente, o maior do planeta. (MATTA, 2010)

Na região de Manaus, o aquífero Alter do Chão é objeto de contaminação em função da existência de poços com deficiências construtivas. Sob o aspecto construtivo, a proteção deficiente dos poços de captação, relativa à possibilidade de infiltração das águas superficiais e do nível freático, favorece a contaminação do aquífero. (CPRM, 2012)

Fica claro que a quantidade e a qualidade devem ser geridas de forma simultânea.

Mapa 9.2 – Aquíferos brasileiros. O Aquífero Alter do Chão na região Norte é o maior do mundo

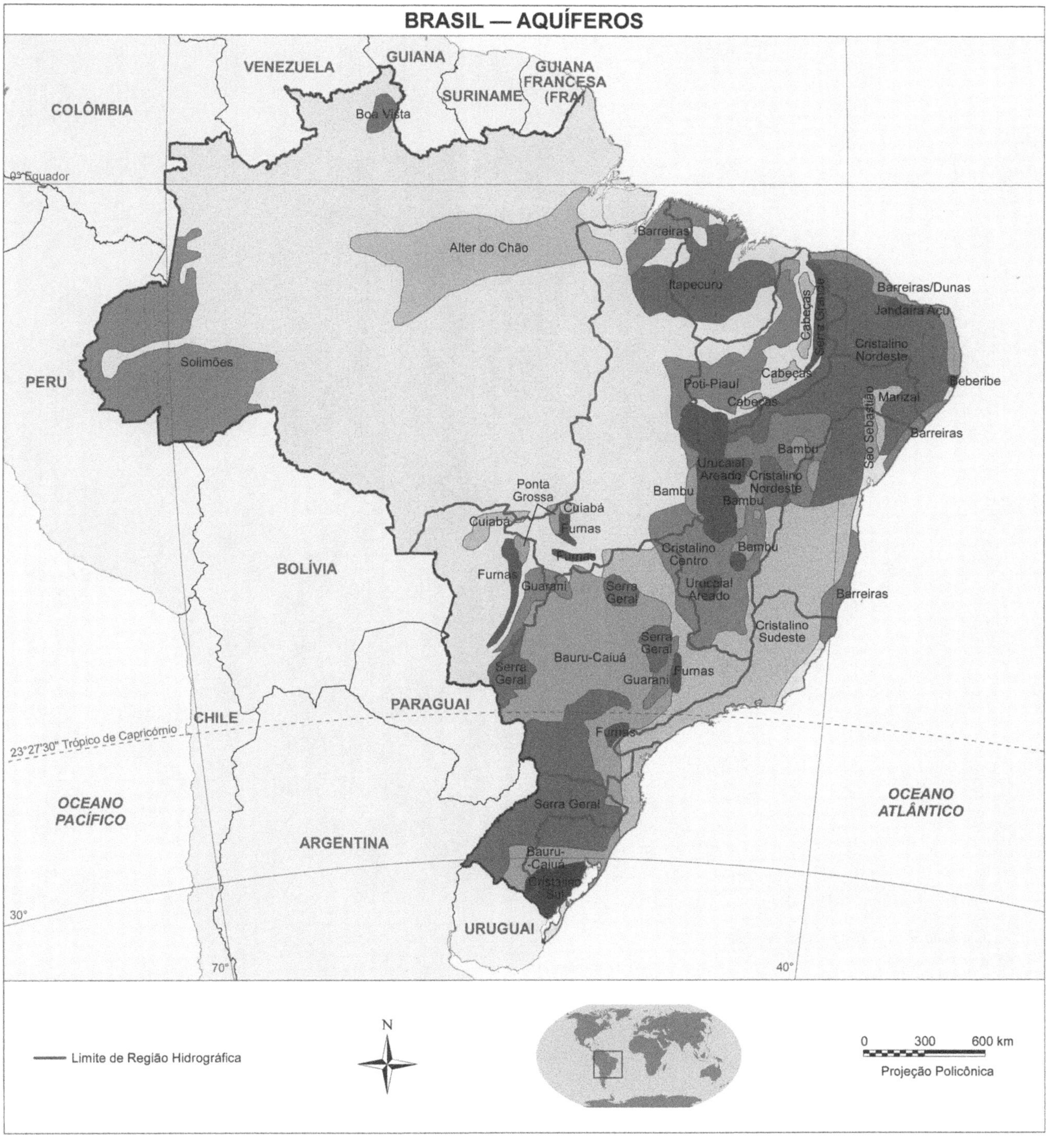

A disponibilidade do Aquífero Guarani é estimada em 45.000 km^3, enquanto a do Aquífero Alter do Chão tem o valor aproximado de 86.400 km^3. (MATTA, 2010).

Na África, foi identificado um grande aquífero no norte do Saara. Estudos indicam que, em função da desertificação da região, alguns dos aquíferos podem ter recebido suas últimas contribuições há 5 mil anos (MCGRATH, 2012).

Mapa 9.3 - Produtividade dos aquíferos africanos (McGrath, 2012)

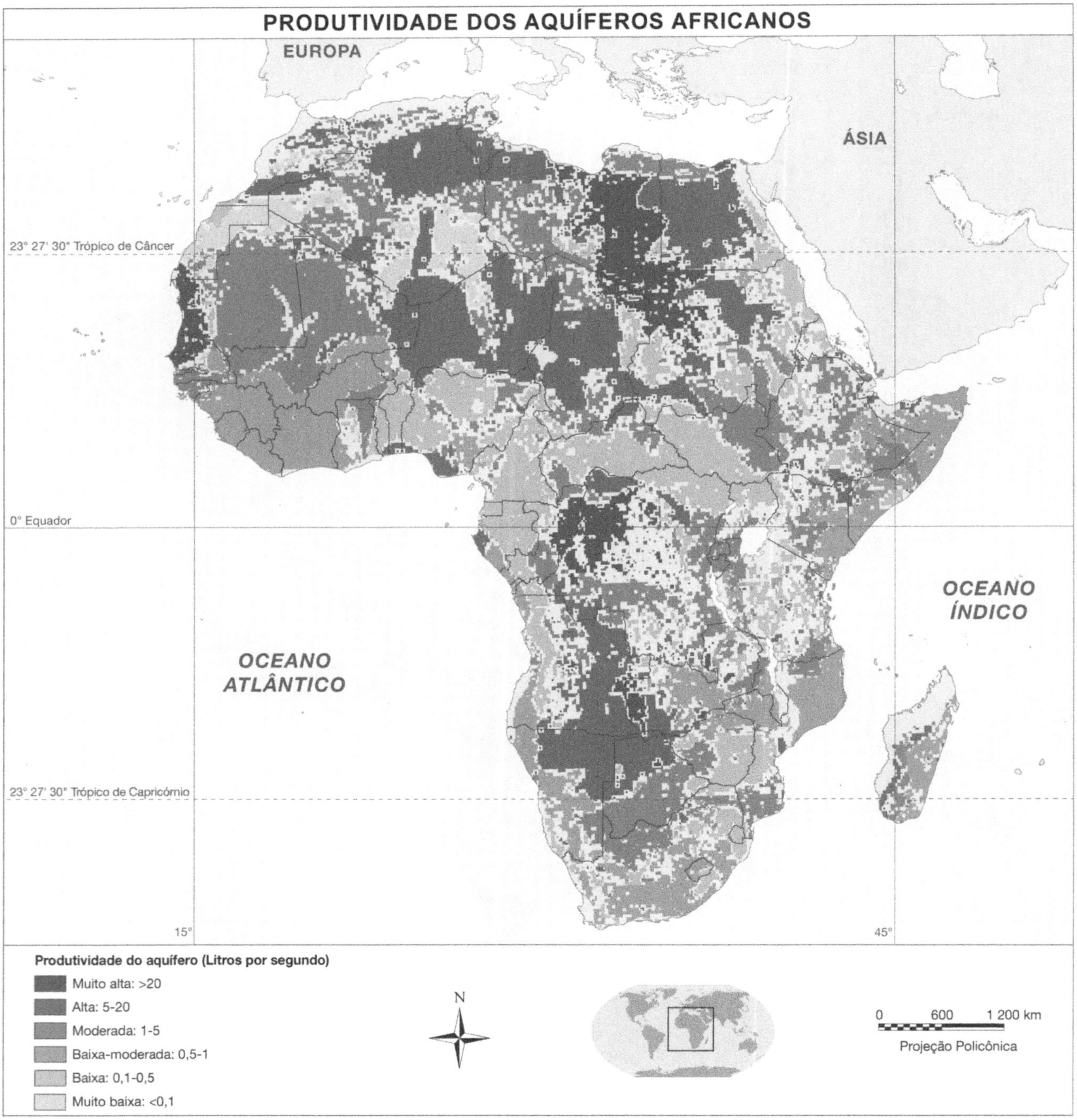

Os aquíferos apresentam uma estrutura básica, representada na Mapa 9.3. As águas, ao se infiltrarem no solo, compõem uma área de passagem chamada de zona não saturada.

Os poros entre os grãos de terra estão preenchidos com ar. Abaixo dessa área, está a zona saturada, onde a água preenche os interstícios do solo. Entre essas duas áreas, em função do fenômeno de capilaridade, há uma zona intermediária.

Podemos imaginar o fenômeno de capilaridade comparando-o a um canudinho em uma bebida. Se você observar atentamente, o nível da bebida no canudinho é maior que o nível no copo, o que pode ser explicado devido às forças intermoleculares entre o material do canudo e a bebida do copo, em especial na superfície líquida. Essas forças são denominadas como forças de tensão superficial.

No solo, como o diâmetro dos canais é muito menor que o dos canudinhos, o efeito é magnificado, fazendo com que a diferença de altura entre o nível freático (limite da zona saturada) e a altura da zona capilarizada seja maior.

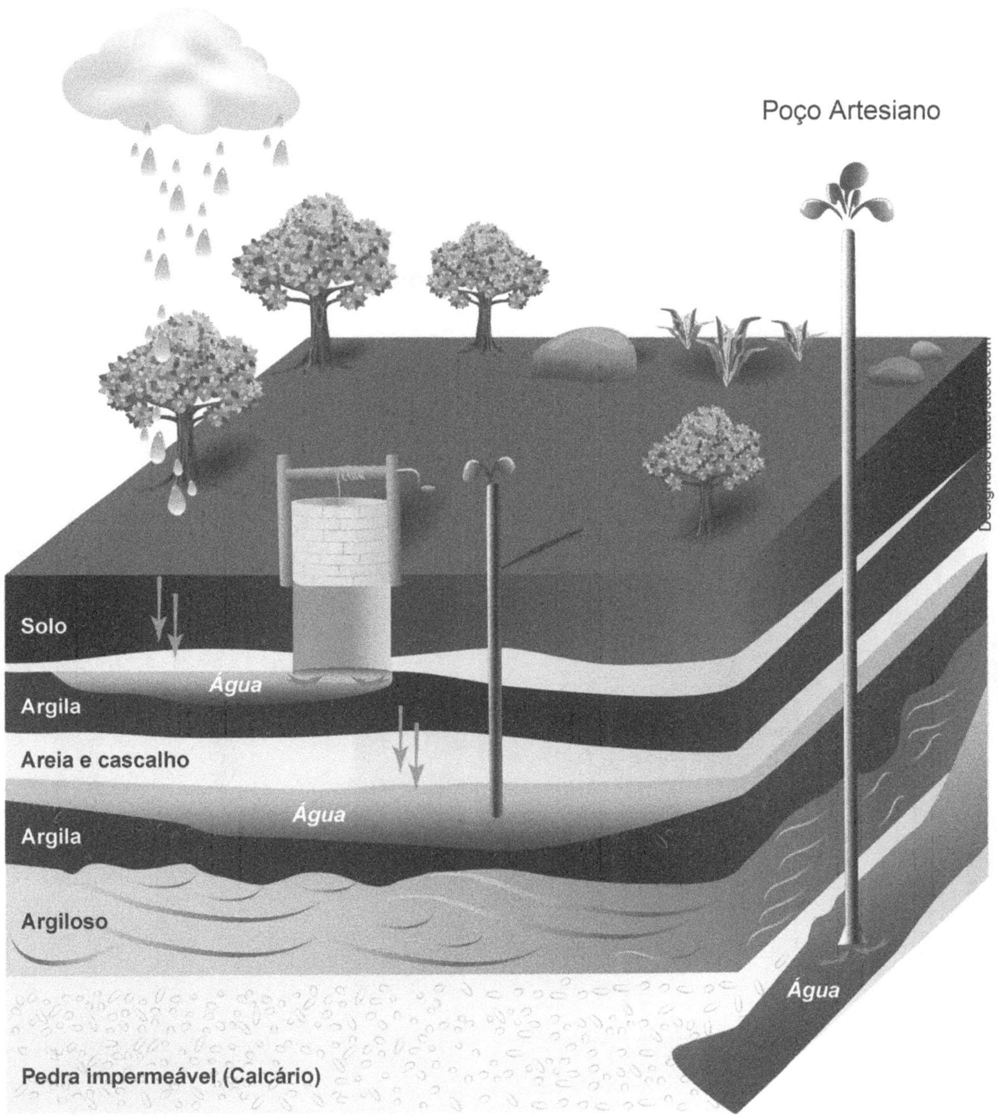

Figura 9.10 – Representação esquemática dos elementos de um aquífero subterrâneo.

O fenômeno de elevação da água com a própria energia de compressão entre as rochas do aquífero recebe o nome de artesianismo. O poço onde ocorre artesianismo pode ser qualificado como poço artesiano. Quando o artesianismo é suficiente para elevar a água até a superfície o poço, ele recebe o nome de poço jorrante.

Fique de olho!

Da próxima vez que você tomar uma bebida com canudinho, observe o efeito da capilaridade, ou seja, a diferença de nível entre a bebida no copo e a que está dentro do tubo!

Trata-se do mesmo mecanismo responsável pela capilaridade da água nos aquíferos subterrâneos.

9.2.3 Extração de águas subterrâneas

Uma vez que as características físico-químicas e biológicas atendam aos parâmetros estabelecidos pela legislação vigente, basta acrescentar cloro e flúor nas concentrações adequadas para tornar a qualidade da água compatível com os padrões de distribuição.

No caso de instalações precárias, os poços do tipo cacimba (Figura 9.11) utilizam a água do lençol freático.

A água pode ser retirada do poço com o auxílio de baldes ou por meio da utilização de bombas manuais, conhecidas como bombas carneiro, como ilustrada na Figura 9.12.

Figura 9.11 - Poço do tipo cacimba.

Figura 9.12 - Bomba manual (carneiro).

Para os intitulados poços tubulares profundos, caso eles não sejam do tipo jorrante, é necessária a instalação de bombas. O tipo mais usual são as bombas verticais ou bombas palito, cuja representação simplificada da instalação é apresentada na Figura 9.13.

Os poços profundos podem extrair água de terrenos arenosos ou de rochas fraturadas. Nas áreas arenosas, é necessária a instalação de revestimento interno ao poço para impedir o transporte de material sólido. Já as regiões rochosas dispensam o revestimento interno.

A porção superior dos poços deve ser protegida para impedir a drenagem de águas superficiais e próximas à superfície para dentro do poço, as quais estão mais vulneráveis à contaminação.

É necessário também o estabelecimento de um programa de monitoramento da qualidade e de um programa de manutenção dos equipamentos e do aquífero.

A manutenção do aquífero consiste em uma lavagem da área de interferência do poço com produtos à base de polifosfatos e posterior desinfecção.

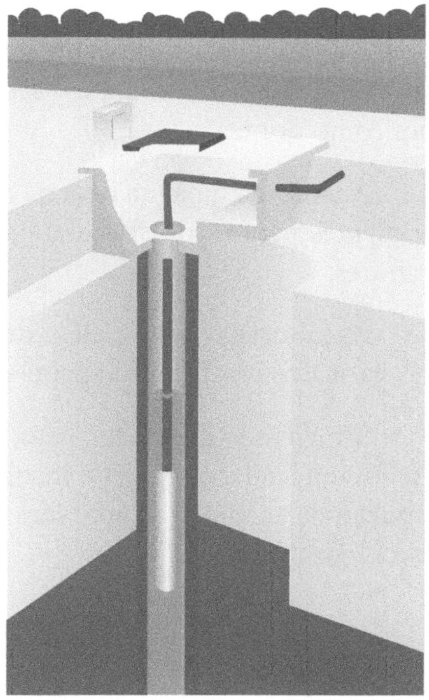

Constantine Pankin/Shutterstock.com

Figura 9.13 – Poço tubular profundo.

9.3 A história dos sistemas de tratamento de água

Vamos iniciar esse tópico relembrando a engenharia romana para entender o formato atual dos sistemas de abastecimento de água.

Há aproximadamente 2.000 anos, os romanos construíam uma rede de aquedutos (Figura 9.14) capaz de transportar água para pontos de abastecimento de centros urbanos em dispositivos como ânforas e fontes, chegando até mesmo a abastecer palácios.

NCG/Shutterstock.com

Figura 9.14 – Aqueduto Romano de Elvas, Portugal.

A inexistência de bombas e os cálculos apurados necessários para a realização de obras desse porte e abrangência reafirmam a complexa e a apurada técnica de construção romana, sendo que um desses aquedutos operou até o século XIX. Alguns aquedutos, em seu trecho aparente, serviam também como pontes.

A chegada da água ocorria em ânforas e fontes, onde cidadãos comuns e escravos, munidos de recipientes para o transporte da água, conduziam o líquido para suas residências ou para a de seus senhores.

As ânforas e fontes, além de funcionarem como reservatórios para a disponibilização de volumes para a coleta, faziam o papel de recipiente para sedimentação.

Em virtude de seu formato, ao serem utilizadas para a reservação da água, além de permitirem a sedimentação do material insolúvel sedimentável em sua porção inferior, as ânforas permitiam a remoção da água clarificada, sem que ocorresse o revolvimento do material sedimentado, como ilustra a Figura 9.15.

Andrei Nekrassov/Shutterstock.com

Figura 9.15 - Ânforas e vasos eram posicionados nas saídas dos aquedutos e nas residências para promover o transporte, armazenamento e purificação das águas. Ânforas do Palácio de Knosso, em Creta, na Grécia.

A remoção do material sedimentável não é uma garantia para a potabilização da água, mas reduz significativamente a probabilidade da existência de contaminantes biológicos.

A sedimentação simples não é comparável aos métodos modernos de purificação das águas para consumo humano, porém, ela foi importante, nesse período ancestral, para a obtenção de condições salubres, considerando as técnicas disponíveis na época.

Como veremos adiante, a sedimentação será uma das etapas dos tratamentos modernos, consistindo em uma parte importante do processo de purificação (Figura 9.16).

Figura 9.16 – Ânforas possuem o fundo mais estreito para que ao serem movimentadas, o material sedimentado não seja turbilhonado e arrastado junto com a água.

A *Fontana di Trevi* (Figura 9.17) era o ponto de chegada do aqueduto *Acqua Vergine*. Além de servir o Palácio de Poli, localizado imediatamente atrás da fonte, possuía derivações hidráulicas para as instalações internas do palácio, o que foi considerado, na época, um miniaqueduto.

De grande expressividade arquitetônica, a *Fontana di Trevi* é apontada como da uma das fontes mais bonitas do mundo.

Figura 9.17 – A famosa *Fontana di Trevi*, em Roma. Ponto de chegada do aqueduto *Acqua Virgine*.

As fontes, em função de sua exposição e vulnerabilidade sob os aspectos relativos à contaminação biológica, podiam se transformar rapidamente em pontos de disseminação de doenças de veiculação hídrica.

Amplie seus conhecimentos

Para que você tenha acesso a mais informações sobre aquedutos romanos, visite o site: Casa Vogue e leia o artigo "Aquedutos romanos resistem ao tempo", disponível em: <http://casavogue.globo.com/Arquitetura/noticia/2012/09/aquedutos-romanos.html>. Acesso em: 6 jul. 2014.

As termas romanas foram bons exemplos da capacidade e da forma arrojada de disponibilização dos recursos hídricos para o uso comunal nos núcleos urbanos do império.

As águas termais, naturalmente aquecidas, eram disponibilizadas em estruturas complexas, com salas que lembram as saunas modernas, piscinas e espaços para massagens e convivência comum (Figura 9.18).

ariadna de raadt/Shutterstock.com

Figura 9.18 – As termas romanas são exemplos da engenhosidade romana e da administração pública do uso das águas.

O efluente desses balneários era disposto em reservatórios, semelhantes às lagoas de tratamento de esgotos modernas.

No Brasil do século XIX ainda utilizávamos os mesmos métodos, a partir do aporte das águas para as fontes públicas e o seu respectivo transporte para as residências pelos interessados ou subalternos.

A vulnerabilidade desse sistema ficou evidente quando, por ocasião dos grandes fluxos migratórios originários da Europa no final do século XIX e início do século XX, a superpopulação de centros urbanos fez com que os sistemas de distribuição de água e a disposição de esgotos se tornassem ineficientes. O aumento da precariedade da infraestrutura deu margem aos surtos epidêmicos e pandêmicos.

9.4 O que tratar?

As águas subterrâneas que apresentam parâmetros de acordo com as normas regulamentadoras dos padrões de qualidade para abastecimento serão objeto, de modo geral, apenas de cloração e fluoretação. Elas serão objeto de tratamento nos casos em que forem observadas concentrações elevadas de metais, como ferro e manganês.

Podem ocorrer também concentrações elevadas, por exemplo, de fluoretos.

No Nordeste, as águas subterrâneas salinizadas do semiárido necessitam ter sua salinidade reduzida.

9.4.1 Matéria inorgânica

Se surpreendam, água quimicamente pura não mata a sede. Desidrata!

Imagine todos os seres vivos unicelulares como pequenas bolsas de água funcionais. Imagine agora os seres pluricelulares (inclusive nós, os seres humanos) como aglomerados de bolsas de água. Os sais retidos dessas bolsas impedem que as células se esvaziem de água! Isto é chamado de equilíbrio osmótico.

Portanto, é desejável que alguns tipos de sais estejam presentes nas águas, em concentrações favoráveis ao bom funcionamento dos organismos, ou seja, à saúde dos seres. Nesse sentido, os seres marinhos possuem características diferentes dos organismos de água doce. Os seres terrestres, por sua vez, diferem significativamente dos seres aquáticos.

Ao considerarmos os aspectos sanitários relevantes, existem parâmetros inorgânicos de interesse no controle da qualidade das águas, os quais foram descritos anteriormente.

9.4.1.1 Salinidade das águas

A alta salinidade das águas não está associada exclusivamente às águas oceânicas. Existem contaminações químicas e outros processos, como a desertificação, que podem ser responsáveis pela elevação da salinidade nos solos, tendo como consequência a elevação da salinidade das águas que o percolam.

A desertificação pode ter diversas causas, entre as quais se destacam: o uso inadequado de recursos florestais, os desmatamentos, as práticas agropecuárias sem manejo adequado dos solos, o sobrepastejo na pecuária extensiva e o manejo inadequado dos sistemas de irrigação, com a consequente salinização da terra. (MMA, 2014)

A salinização dos solos pode ocorrer por mecanismos distintos. Além da adição de sais a um determinado solo ou a águas com alto teor de salinidade, a salinização pode ocorrer também em virtude da concentração desses sais no solo e nas águas subterrâneas, como indicado de forma simplificada na Figura 9.19.

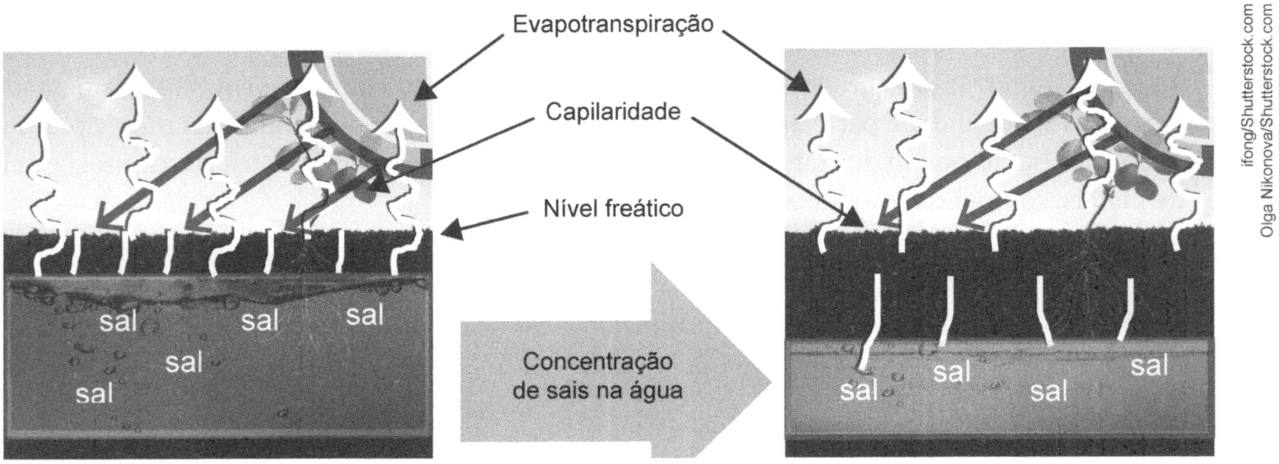

Figura 9.19 – Representação esquemática do fenômeno de salinização do solo a partir da concentração de sais.

O controle da salinização no formato apresentado passa, em diversos casos, pelo gerenciamento da irrigação.

A intrusão salina é outra forma de promoção do aumento da salinidade de águas doces. Essa intrusão ocorre tanto a partir da interferência das águas oceânicas sobre as águas superficiais, como sobre as águas subterrâneas.

Considerando a indisponibilidade de águas doces para o abastecimento, a salinidade das águas passa a ser objeto de processos de tratamento.

9.4.2 Matéria orgânica

Há várias classificações úteis, sob o aspecto prático, para a matéria orgânica ao observarmos sua necessidade de remoção das águas para abastecimento público.

Podemos considerar que a matéria orgânica, que constitui os microrganismos, divide-se em dois tipos distintos: a matéria orgânica produzida por microrganismos e a matéria orgânica produzida artificialmente.

Considerando a matéria orgânica viva, o objetivo dos sistemas de tratamento passa a ser reter o material, preferencialmente sem destruí-lo, pois o conteúdo das células ao ser liberado pela desintegração celular, quando gerado em altas concentrações, pode liberar substâncias potencialmente prejudiciais à saúde humana.

De forma preventiva, após a retenção dos microrganismos, promove-se, posteriormente, a esterilização química do meio, promovendo a segurança alimentar do usuário e protegendo o ambiente de contaminações externas ao sistema, mesmo na casa do consumidor.

Considerando a matéria orgânica artificial, observaremos os limites legais para sua presença nas águas destinadas a abastecimento e, em caso de não conformidade com as exigências estabelecidas nas normas, procedemos com a identificação e o controle das fontes geradoras dessas não conformidades.

Nos casos em que o objeto é a matéria orgânica produzida por microrganismos, trabalhamos preventivamente, evitando que essas substâncias sejam produzidas, por exemplo, por meio do controle dos processos de eutrofização de mananciais a partir da redução das concentrações de fósforo nas águas dos rios e das represas. Uma vez produzidas essas substâncias e liberadas no meio aquoso, devido à cisão celular promovida pela morte natural ou provocada dos microrganismos, verifica-se se os teores são compatíveis com o sistema de tratamento convencional ao pensarmos nos requisitos estabelecidos pela legislação para o produto final do tratamento. Em caso negativo, procede-se ao tratamento avançado das águas para distribuição.

9.4.2.1 Eutrofização

Podemos definir eutrofização como o enriquecimento das águas com nutrientes, como nitrogênio e fósforo.

Esse processo produz mudanças indesejáveis na qualidade da água, como a redução das concentrações de oxigênio e a consequente mortandade de peixes, o decréscimo da diversidade de espécies e aumento da ocorrência de florações de algas potencialmente produtoras de toxinas. (CARVALHO et al, 2013).

A disponibilidade de carbono, nitrogênio e fósforo, sendo que geralmente o fósforo é o produto limitante do processo, permite a ocorrência da reprodução de microrganismos e macrófitas (vegetação pluricelular), como é visto na Figura 9.20.

Dr. Morley Read/Shutterstock.com

Figura 9.20 – Os processos de eutrofização dos corpos d'água são de grande interesse no controle da qualidade das águas.

Fique de olho!

Considerando a definição esquemática de metabolismo indicada na Figura 9.21, considere-o como atividades celulares realizadas para a manutenção da vida. A decomposição biológica da matéria orgânica, representada na figura por um composto hipotético de cadeia longa, fornece energia para a realização das atividades celulares e de mobilidade (catabolismo) e o carbono fornece matéria-prima para a construção de novas células, além de manutenção das células existentes (anabolismo).

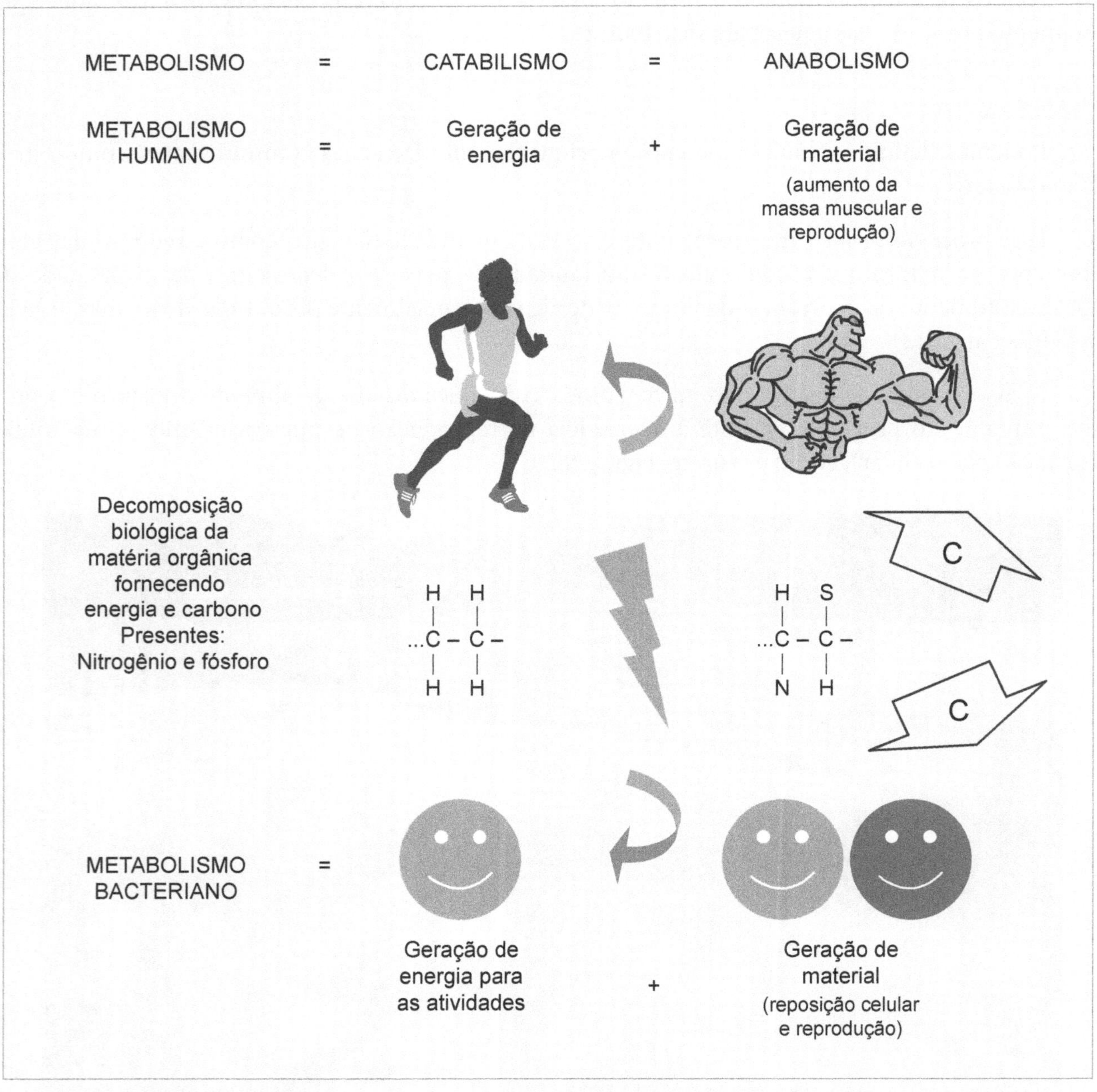

Figura 9.21 – Metabolismo humano e microbiológico.

Uma vez que o fósforo faz o papel de nutriente limitante na maioria dos casos, ele é de grande importância quando temos a intenção de interromper a atividade metabólica, em especial a anabólica, como nos casos de controle da proliferação de algas e macrófitas, ou seja, reduz-se a concentração de fósforo nas águas e a concentração de microrganismos e macrófitas.

9.4.2.2 Pesticidas agrícolas

Ainda dentro da categoria de compostos orgânicos de grande interesse sanitário temos os pesticidas.

Por se tratar de uma categoria de compostos destinados ao controle da atividade biológica de pragas que podem se instalar em ou se alimentar de plantios, apresentam algumas características preocupantes ao pensarmos que podem, sem o controle de utilização apropriado, chegar às águas destinadas e ao tratamento para abastecimento em concentrações impróprias.

A atividade agrícola, em função de sua dispersão, da heterogeneidade tecnológica apresentada pela exploração de determinadas culturas, da associação errônea feita pelos produtores entre baixos custos de produção e técnicas menos apuradas de irrigação e a utilização de defensivos agrícolas, pode comprometer tanto a qualidade quando a disponibilidade da água.

Mesmo os compostos que foram proibidos em função de sua toxicidade ao meio e ao homem, devido à forma de descarte inadequado, ainda oferecem riscos.

Vamos recapitular?

Discutimos, nesse capítulo, as águas tratadas, considerando, sob a perspectiva prática do tratamento, a ocorrência dessas águas associadas à gestão de recursos hídricos. Você também observou uma breve perspectiva histórica sobre as águas e suas formas de disponibilização para os agrupamentos urbanos.

Também foram abordados os poluentes principais e a eutrofização.

Agora é com você!

1) Faça uma pesquisa sobre a resistência de esporos à temperatura e explique a eficiência dos processos de desinfecção térmica da água.

2) Descreva os grupos de poluentes de interesse nas águas sob o aspecto operacional do controle de qualidade.

3) Explique o processo de salinização, considerando a utilização dos seguintes métodos de irrigação: pivôs e o micro gotejamento. Pesquise cada um deles.

4) Discuta a vulnerabilidade das águas subterrâneas.

10

Os Sistemas de Tratamento de Água

Para começar

O Capítulo 10 tem por objetivo oferecer conceitos básicos para o entendimento dos elementos que compõem um sistema de tratamento de água para consumo humano.

Iniciaremos com os cuidados necessários com os mananciais e a identificação das entidades com essa atribuição, bem como as formas usuais de tratamento e distribuição das águas tratadas.

É necessário entendermos, de maneira clara, que a forma de tratamento estabelecida pela legislação é a mínima aceita em virtude da evolução de diversos estudos.

A não ser em último caso, a utilização do tratamento térmico da água para consumo humano como única etapa para a promoção da desinfecção não deve ser considerada como alternativa, pois é expressiva a probabilidade da ocorrência de microrganismos na forma latente de esporos resistentes às temperaturas atingidas nas condições de ebulição da água. Observe agora a Figura 10.1.

Andrei Kuzmik/Shutterstock.com

Figura 10.1 – Devemos evitar a fervura da água como único método de desinfecção das águas destinadas ao consumo humano.

A filtração simples, por sua vez, também não é um método adequado de tratamento, uma vez que ela não propicia a retenção necessária de microrganismos de interesse na manutenção de condições de salubridade e segurança alimentar.

As normas definem três níveis distintos de tratamento das águas para efeito de potabilização:

» tratamento simplificado;

» tratamento convencional;

» tratamento avançado

10.1 A importância da desinfecção e da fluoretação

10.1.1 Desinfecção

Entendemos, para esse efeito, como desinfecção a remoção de microrganismos patogênicos, ou seja, potencialmente prejudiciais à saúde.

A desinfecção em estações de tratamento de água, ou de águas que necessitam apenas de tratamento simplificado, é geralmente realizada com a utilização do cloro como agente desinfetante.

10.1.1.1 Cloro gás

Nos casos em que o porte do tratamento comporta mão-de-obra especializada e instalações providas de equipamentos apropriados, passa a ser compensatório o uso de cloro gás.

O intitulado cloro gás (Cl_2) é fornecido na forma de gás comprimido (gás e líquido), em um formato similar ao fornecimento de gás de cozinha, acondicionado em cilindros de tamanhos variados (50, 68 e 900 kg), podendo também ser fornecido em carretas. Ele possui baixo teor de água e por isso é chamado também de cloro seco.

As vantagens apresentadas ao utilizarmos o cloro gasoso para desinfecção das águas destinadas ao abastecimento são menor espaço de armazenagem, maior precisão na dosagem e menores perdas do princípio ativo.

A maior precisão na dosagem pode ser justificada em função das condições físico-químicas controladas, nas quais há a expansão do cloro líquido ou a coleta do cloro gás.

Nas condições normais de pressão e temperatura (CNPT), 1 mol de gás cloro ocupa 22,4 litros, sendo que, por meio da equação de Clapeyron (Equação 1), e se considerando o gás o ideal, teremos:

$$PV = \eta RT$$

Em que:

P = pressão

V = volume

η = número de mols

R = constante universal dos gases

T = temperatura em escala absoluta Kelvin (K)

Exercício resolvido

Calcule a constante universal dos gases perfeitos (R), em unidades do Sistema Internacional de medidas (SI):

Solução

Nas condições normais de pressão e temperatura (CNTP), para 1 mol de gás perfeito, teremos:

$$P = 1 \text{ atm};\ V = 22{,}4 \text{ L};\ \eta = 1 \text{ mol } T = 273 \text{ K } (0\ ^\circ\text{C})$$

A equação de Clapeyron postula que: $PV = \eta RT$

$$R = \frac{PV}{\eta T}$$

$$R = \frac{1 \text{ atm} \cdot 22{,}4 \text{ L}}{1 \text{ mol} \cdot 273 \text{ K}}$$

Portanto:

$$R = 0{,}082 \text{ atm} \cdot \text{L} \cdot \text{mol}^{-1} \cdot \text{K}^{-1}$$

A equação de Clapeyron pode ser adaptada aos gases reais, passando a ser aplicável em situações cotidianas mediante a adoção de um fator de correção, preferencialmente calculado para cada aplicação.

Em uma instalação de tratamento, a medição do volume consumido de gás cloro é feita por meio de um equipamento chamado rotâmetro.

O rotâmetro permite a medição da vazão de gases a partir do arraste provocado sobre um êmbolo em seu interior, conforme indica a Figura 10.2.

Ao considerarmos a segurança do ambiente e do operador especificamente, o gás cloro apresenta, como inconveniente, alta reatividade e toxicidade, gerando severos danos à saúde humana, e ao meio, em casos de vazamento.

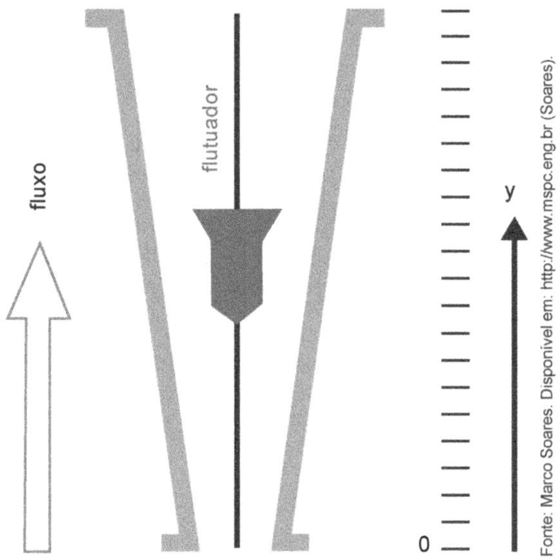

Figura 10.2 – Rotâmetro para controle da dosagem de gás cloro.

Ele é um gás mais pesado que o ar, tendendo a permanecer no ambiente onde ocorrem os vazamentos e escoando preferencialmente para lugares mais baixos enquanto se dispersa na atmosfera. Durante esse processo, em casos de vazamentos expressivos, o gás reage severamente com os elementos que encontra, oxidando-os.

As equipes que operam sistemas de dosagem de gás cloro devem estar preparadas para a contenção de vazamentos mediante técnicas especiais, além de utilizarem equipamentos de proteção individual (EPIs) bastante específicos.

Trata-se de uma brigada capacitada a exercer, em caso de necessidade, o Plano de Ação Emergencial para Cloro (PAE Cloro).

A presença de birutas e alarmes sonoros em estações de tratamento equipadas com esses dispositivos é obrigatória, como ilustra a Figura 10.3.

Figura 10.3 - Em casos de vazamento de cloro gás, é importante identificar o sentido do vento para evitar permanecer no caminho de dispersão do gás.

A adição de cloro em águas contendo ácidos húmicos e fúlvicos, produtos produzidos a partir da decomposição natural de matéria orgânica, mesmo em ambientes protegidos, promove a geração de trihalometanos (THM). São consideradas substâncias indesejáveis se excederem concentrações limitadas pelas normas vigentes, pois nessas quantidades, passam a apresentar potencial tóxico.

10.1.1.2 Hipoclorito de sódio

Quando, em função do porte reduzido da instalação de tratamento de água, não é necessária grande autonomia na armazenagem do princípio ativo para desinfecção é comum a adoção do cloro como agente desinfetante na forma de hipoclorito de sódio. A forma diluída desse composto encontrada nos supermercados e conhecida como água sanitária.

As reações naturais de decomposição são as apresentadas a seguir:

Reação principal

$3\ NaClO$	$\rightarrow$	$2\ NaCl$	$+$	$NaClO_3$
hipoclorito de sódio		cloreto de sódio		clorato de sódio

Reação secundária

$2\ NaClO$	$\rightarrow$	$2NaCl$	$+$	O_2
hipoclorito de sódio		cloreto de sódio		oxigênio

A concentração inicial, o pH, a temperatura de estocagem, a exposição à luz e certos contaminantes podem ser fatores importantes a serem considerados na aceleração da decomposição do hipoclorito de sódio, reduzindo a concentração de princípio ativo na solução.

Essa decomposição pode ser minimizada, mas não impedida. Essa é uma das razões pela qual a dosagem de cloro gás é mais eficiente que a do cloro em solução.

Devem tomar os mesmos cuidados que os requeridos na aplicação do cloro gás com relação à formação de THM.

10.1.2 Fluoretação

A fluoretação é obrigatória no Brasil, pois, com o passar do tempo, observou-se a diminuição da incidência de cáries em crianças em áreas onde o flúor ocorria naturalmente em determinadas concentrações.

O excesso de flúor provoca uma doença conhecida como fluorose. Seus sintomas são contrários aos esperados quando o flúor é utilizado nas concentrações adequadas, fragilizando os ossos.

Os cuidados relativos à incidência da fluorose devem ser tomados não apenas com relação ao consumidor das águas, mas também em relação às questões associadas à saúde do operador responsável pelo sistema de dosagem de flúor.

A ocorrência de flúor natural nas águas leva à necessidade de verificação dos teores existentes, mesmo quando o mesmo não é adicionado artificialmente. O flúor ocorre na forma de minerais que, em contato com as águas subterrâneas, permitem sua diluição, como ilustra a Figura 10.4.

A concentração máxima de flúor nas águas destinadas ao abastecimento é estipulada, no Brasil, em 1,5 mg/L.

Figura 10.4 – O flúor ocorre naturalmente no solo e nas águas devido à constituição de minérios como a fluorita, na foto.

Na prática, a seguinte fórmula é adotada:

$$\text{Concentração de flúor desejável na água} = \frac{22{,}2}{10{,}3 + 0{,}725\ T}$$

Considera-se que T é a média das temperaturas máximas diárias verificadas em graus centígrados (°C).

O período ideal para a observância das temperaturas é de cinco anos, sendo que o período mínimo aceitável é de um ano.

Os compostos recomendados para a dosagem de flúor são fluoreto de cálcio (CaF_2), fluossilicato de sódio (Na_2SiF_6), fluoreto de sódio (NaF) e ácido fluossilícico ($H_2Si\ F_6$) (BRASIL, 1975).

10.2 Tratamento simplificado

O tratamento simplificado é destinado a águas cujas características, tanto biológicas quanto físico-químicas, permitem sua utilização após filtração, desinfecção, fluoretação e, se necessário, correção de pH. Observe a Figura 10.5.

Figura 10.5 – Dependendo das condições de extração das águas subterrâneas, a filtração é aplicável antes do consumo.

Tratam-se, de forma geral, de águas subterrâneas extraídas de acordo com os padrões de potabilidade, podendo ser submetidas à filtração simples.

A filtração simples é adotada, geralmente, nos casos em que a emergência da água do solo pode promover, ou efetivamente promove, o arraste de material particulado.

A correção de pH tem como objetivo, além do controle da acidez e da alcalinidade para a garantia de condições de potabilidade, a redução do potencial corrosivo da água exercido sobre as tubulações metálicas e estruturas de concreto.

10.2.1 Filtração

Os filtros são dispositivos previstos no tratamento simplificado de águas.

Apresentaremos, a seguir, algumas formas de filtração aplicáveis a esse contexto.

10.2.1.1 Filtros lentos

Filtros lentos são dispositivos de tratamento de baixa taxa de filtração e ação física e biológica.

Sobre o leito de areia, no qual são retidas as partículas existentes na água, forma-se um filme de microrganismos (biofilme) responsável pela eliminação de microrganismos patogênicos.

A manutenção do filtro consiste na "rastelagem" do leito com a remoção parcial do biofilme.

10.2.1.2 Filtros de zeólito

Esses filtros são dispositivos de filtração utilizados, geralmente, para a remoção de ferro das águas quando essa substância ocorre em concentrações além dos limites indicados na regulamentação.

O material filtrante tem origem no minério de ferro e sofre tratamento químico para que se torne ávido por íons de ferro.

A água contendo esse elemento passa pelo filtro e o minério modificado sequestra o metal, reduzindo as concentrações de ferro no efluente do filtro.

10.2.1.3 Filtros russos

Os filtros russos, diferentemente de unidades convencionais de filtração, são filtros ascendentes, providos de capacidade de remoção de partículas e com resultados interessantes na remoção de ferro.

A filtração ascendente faz com que o esse tipo de filtro não funcione como um coador, cuja superfície desempenha o papel mais expressivo na remoção de partículas, mas sim com que todo o corpo do filtro opere obstruindo o fluxo das partículas e dos íons metálicos, por meio de processos físicos e físico-químicos respectivamente.

A areia dos filtros russos é diferente da dos demais filtros. Seu grão não pode ser do tipo arredondado, encontrado em áreas onde os grãos se desgastam, como a beira de rios. Ele deve apresentar ângulos bem definidos, de forma a concentrar cargas estáticas que permitam a atração de íons e a correspondente remoção dos mesmos das águas a serem tratadas.

O volume de água necessário para a lavagem é muito maior que para os demais tipos de filtros, sendo o gerenciamento desse volume importante para um bom funcionamento.

Em função da tendência à perda de material durante a realização da retrolavagem, uma grade com espaçamento de 5 cm deve ser instalada no topo do filtro para evitar a saída da areia.

10.3 Tratamento convencional

O tratamento convencional será aplicado a águas que estarão prontas para o consumo doméstico ao serem submetidas às operações unitárias de coagulação, floculação, sedimentação, filtração, desinfecção e correção de pH e fluoretação.

10.3.1 Captação

A captação é uma fase importante do processo de tratamento, pois se realizada de forma apropriada, permite a disponibilização da água a ser potabilizada em quantidade suficiente e qualidade melhorada.

Os sistemas de captação podem ser classificados com relação à forma: do fio d'água (quando os volumes são subtraídos diretamente do rio) e a partir de reservatórios.

Em ambos os casos, deve ser minimizada ao máximo a possibilidade de arraste de materiais sólidos do manancial, respeitando as possíveis relações de custo e benefício gerados.

A opção entre as duas formas de captação deve ser realizada ao considerarmos os volumes tratados, os volumes disponíveis para a armazenagem do sistema de distribuição de água potável e a demanda no momento de implantação do sistema e nas décadas seguintes.

Existem *softwares* especializados na modelagem matemática de sistemas para orientação dos tomadores de decisão no processo de elaboração do projeto.

A influência sazonal na disponibilidade de volumes também deve ser considerada, tanto na prevenção de cheias, as quais podem alagar áreas no entorno dos reservatórios projetados, como na incidência de longas estiagens.

Caso determinados cuidados sejam negligenciados, as cheias podem comprometer a integridade dos equipamentos de captação.

A análise estatística do comportamento sazonal dos sistemas aquáticos, associados à pluviometria, é o procedimento mais seguro, desde que as séries históricas de dados analisados sejam longas e confiáveis. Mencionamos a confiabilidade aqui devido ao fato de muitos postos pluviométricos serem operados por pessoas com baixo conhecimento técnico ou com comprometimento questionável.

10.3.2 Adição de produtos químicos

Além da desinfecção e fluoretação, a adição de produtos químicos tem como objetivo a obtenção de condições ótimas para coagulação e floculação, o que envolve alcance do pH ótimo de coagulação e floculação associada à dosagem ótima de coagulante e do auxiliar de coagulação.

10.3.2.1 Alcalinizantes

Nos casos em que é necessária a elevação do pH para o alcance do pH ótimo ou o ajuste dos parâmetros de qualidade para a distribuição da água, utilizam-se alcalinizantes.

Já nos casos em que o porte da instalação comporta a dosagem de cal virgem, o custo geral fica mais acessível e a cal, por ser parcialmente solúvel em água, forma uma película protetora no interior das tubulações e na superfície do concreto, auxiliando no retardamento dos processos corrosivos.

A cal, em especial a cal virgem, apresenta uma grande afinidade com a água. É um pó fino que entra com facilidade nas roupas. Por ser uma atividade de esforço físico considerável, o transporte da cal leva o operador a transpirar, o que tende a piorar se sua vestimenta for muito fechada. Ao entrar em contato com a pele, a cal reage com a água de hidratação do corpo e com o suor, realizando uma reação exotérmica (que libera energia térmica), o que causa grande desconforto e até mesmo danos aos tecidos. Nas instalações de maior porte, passa a ser

Lembre-se

O pH, ou potencial hidrogeniônico, é um parâmetro que indica se um determinado meio líquido apresenta caráter ácido ou básico.

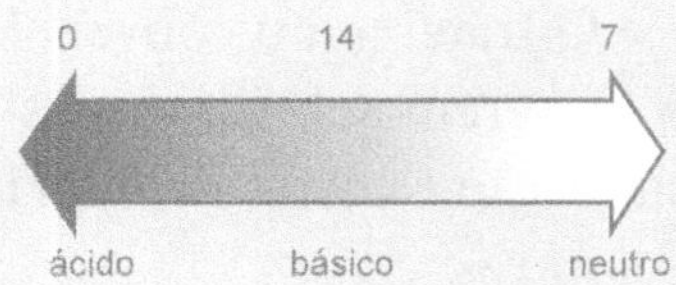

Exemplos de substâncias básicas são soda cáustica, caqui verde e bicarbonato de sódio. Já substâncias como vinagre, limão e maracujá são, por sua vez, ácidas.

economicamente viável o transporte hidropneumático do produto até os silos de armazenamento, evitando o contato do produto com o operador e tornando a atividade mais salubre.

Nas instalações menores, em virtude de menor aplicação de esforços no transporte, a cal hidratada pode ser considerada uma opção, sendo que, em virtude da solubilidade parcial, tanto a cal virgem como a cal hidratada devem estar sob permanente agitação para que a parte insolúvel seja mantida em suspensão.

Em instalações de pequeno porte, o uso do carbonado de sódio, bastante solúvel em água, passa a ser uma alternativa bastante adequada. Ele apresenta o inconveniente de não produzir a película protetora contra corrosão para a tubulação e concreto imersos em água.

10.3.2.2 Acidulante

Quando é necessária a redução do pH para o alcance de parâmetros operacionais ou do padrão de distribuição, acidulantes são utilizados.

O ácido fosfórico (H_3PO_4) é um exemplo de acidulante.

10.3.3 Coagulação e floculação

O cloreto férrico, o sulfato de alumínio, o híbrido de cloreto férrico com sulfato férrico, conhecido como caparosa clorada, e o policloreto de alumínio (PAC) são exemplos de coagulantes utilizados em plantas de tratamento de águas.

A opção pela utilização de um ou outro envolve a eficiência, além da relação custo-benefício envolvida. Os padrões de potabilidade da água fornecida devem ser atendidos em qualquer hipótese adotada.

O PAC é uma forma de coagulante pré polimerizada, originalmente utilizada como auxiliar de coagulação.

O tanino, originário da semente de acácia negra, é um coagulante natural, disponibilizado comercialmente como Tanfloc (produzido pela empresa Tanac), sendo útil no tratamento de águas e efluentes.

A eficiência e a melhor forma de aplicação dos agentes coagulantes podem ser estudadas e reavaliadas antes da aplicação na estação de tratamento de águas por meio da utilização do ensaio de jarros (*jar test*, em inglês).

A coagulação ocorre a partir da mistura rápida do coagulante e do alcance do pH ideal, em que uma grande energia de agitação é empregada para possibilitar a uniformidade na geração do polímero gerado pelo coagulante.

A energia de agitação é reduzida, então, para que as impurezas da água bruta, associadas ao agente coagulante, passem a formar flocos inicialmente pequenos que, em função dos choques continuamente promovidos pela agitação controlada, tornam-se maiores, mais consistentes e mais densos, permitindo sua sedimentação na etapa seguinte.

10.3.3.1 Auxiliares de coagulação

Polímeros aniônicos, catiônicos ou neutros de cadeia variável (longa) podem ser utilizados como auxiliares de coagulação, aumentando a eficiência e reduzindo os custos operacionais.

Esses polímeros têm o papel de estruturar os flocos a partir da constituição dessas cadeias, tornando-os menos frágeis e mais pesados e aumentando a eficiência da etapa de sedimentação dos flocos.

A escolha entre os diversos tipos de polímero é feita a partir da realização do ensaio de jarros.

Os coagulantes são sais metálicos, como observado. Há limites para a concentração de metais nas águas, uma vez que a sua concentração deve ser distribuída para o consumo; portanto, também é um critério para o estabelecimento da condição operacional ótima.

10.3.4 Decantação

A decantação, de forma similar àquela tratada no Capítulo 9, quando falamos das ânforas romanas, tem o objetivo de separar os sólidos agrupados no processo de coagulação e floculação por sedimentação da água destinada ao abastecimento.

Caso os flocos não tenham sido bem formados durante a coagulação e a floculação, as impurezas podem dispersar novamente nas águas ou os flocos podem flutuar no lugar de sedimentar, sem que sejam retidos.

No decantador, temos uma configuração destinada à oferta de condições em que não ocorra turbilhonamento ou fluxo preferencial, garantida pelo dimensionamento da unidade em função dos fluxos mínimos, máximos e médios pretendidos.

Fique de olho!

Para esse efeito, o conceito de turbilhonamento está associado ao número de Reynolds (Re).

O número de Reynolds é um adimensional calculado a partir da fórmula a seguir:

$$Re = \frac{L \times V \times \rho}{\mu}$$

Em que:

Re = número de Reynolds

L = comprimento característico (m)

V = velocidade média do fluído (m/s)

ρ = massa específica do fluído na temperatura identificada no próprio fluído (kg/m^3)

μ = viscosidade dinâmica do fluído ($N \cdot s/m^2$)

Para valores do número de Reynolds abaixo de 2.000, convencionou-se chamar o regime de fluxo como laminar. Acima de 2.400, temos o fluxo turbulento. Entre 2.000 e 2.400, temos o fluxo de transição entre os regimes laminar e turbulento.

A decantação pode ser substituída pela flotação por ar dissolvido, sendo necessária a adaptação do sistema e o estabelecimento da condição ótima operacional.

10.3.5 Filtração

A eficiência do processo de decantação não é absoluta ou determinante ao considerarmos a potabilidade como critério, fato que permite a existência de flocos remanescentes na água, os quais serão removidos por meio da filtração.

Os filtros rápidos de areia são constituídos por camada, suporte, brita e areia.

Caso as substâncias que produzam odor ou sabor estejam presentes, uma camada adicional de carvão ativado será utilizada.

A limpeza dos filtros é realizada por meio de retrolavagem, a uma taxa várias vezes maior que a taxa de filtração.

A água resultante da lavagem dos filtros segue para um sistema de recuperação de água de lavagem, onde o lodo pode ser encaminhado para estações de tratamento de esgotos para aumentar a eficiência relativa à remoção de fósforo, podendo ser utilizado na confecção de tijolos ecológicos. A água volta para o início do sistema de tratamento, como se observa na Figura 10.6.

Perfect Gui/Shutterstock.com

Figura 10.6 – A água utilizada na lavagem dos filtros não é descartada.

Para filtração com taxas elevadas, jatos de ar comprimido podem ser utilizados durante o processo de retrolavagem para aumentar a eficiência da remoção das impurezas dos filtros colmatados (obstruídos).

O conjunto de operações que constituem o tratamento convencional pode ser representado esquematicamente na Figura 10.7:

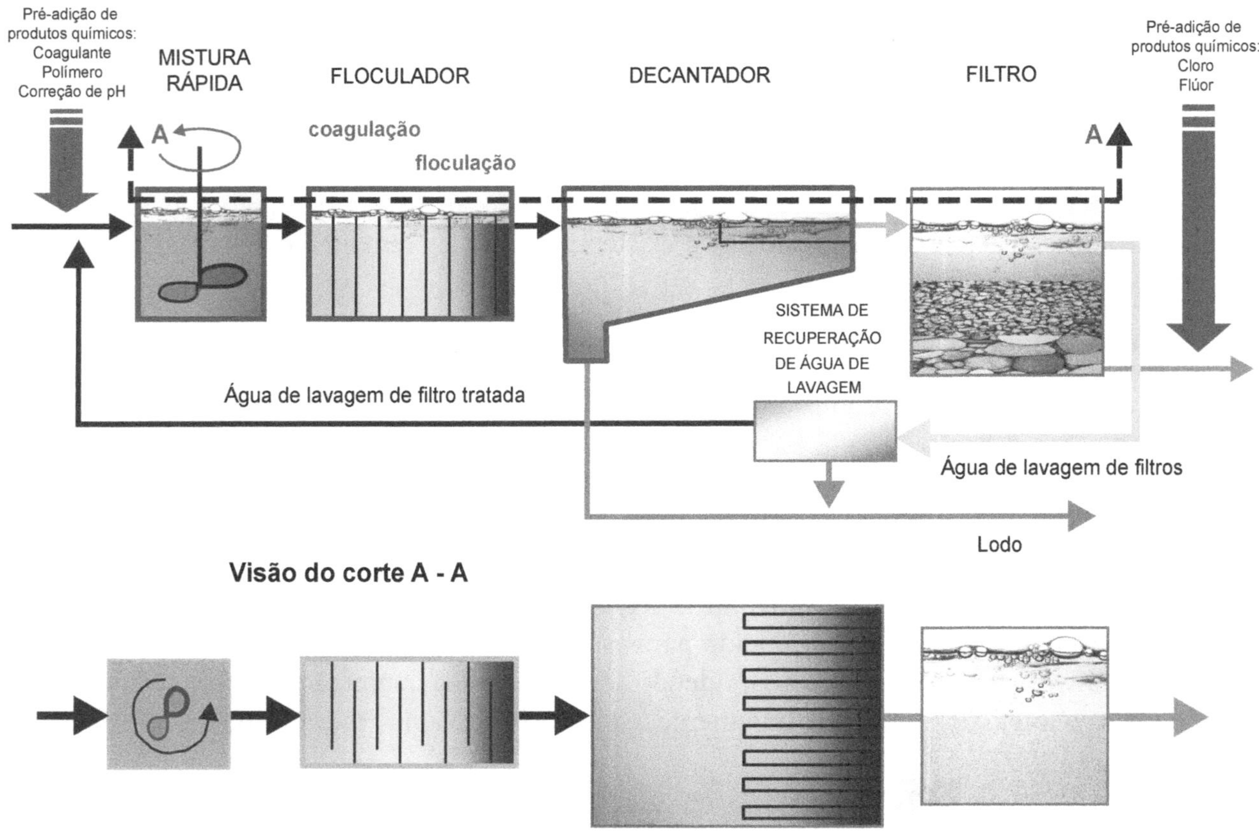

Figura 10.7 – Sistema de tratamento de água do tipo convencional.

10.4 Tratamento avançado

Consistem em sistemas de tratamento que, além de preverem a remoção dos materiais realizada no tratamento convencional, têm como expectativa a remoção adicional de cor, odor, sabor, compostos potencialmente tóxicos ou microrganismos patogênicos.

10.4.1 Osmose reversa

O desenvolvimento de novos materiais permite a produção de meios filtrantes com características técnicas cada vez mais vantajosas.

A diferente constituição das membranas filtrantes permite a remoção de diâmetros diferenciados de partículas e mesmo de moléculas.

O princípio é inverso ao da osmose celular.

Na osmose celular, a parede da célula permite a passagem do fluído do lado menos concentrado, de um determinado composto, para o lado com maior concentração. O processo termina quando á atingida a condição de equilíbrio, ou seja, os dois lados da membrana passam a ter a mesma concentração.

A osmose reversa faz com que o fluxo seja forçado no sentido oposto ao da osmose natural, fluxo este promovido pela aplicação de pressão em intensidade suficiente na direção desejada do fluxo, como indicado na Figura 10.8.

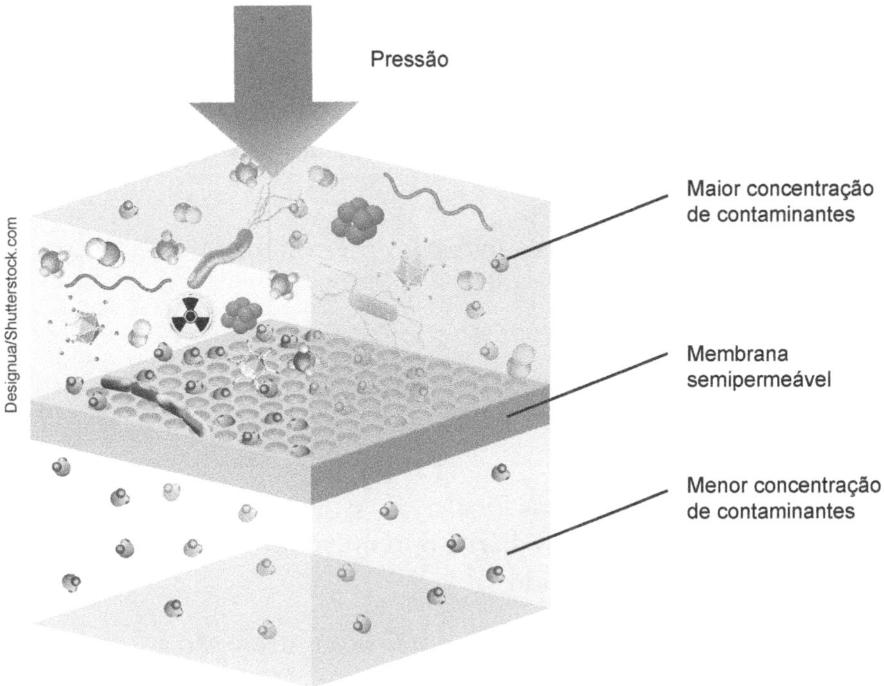

Figura 10.8 - A pressão aplicada na osmose reversa promove a concentração de substâncias em detrimento da purificação do líquido que passa pela membrana.

Dessa forma, é possível a remoção de pigmentos, bactérias e até mesmo metais.

O método é utilizado frequentemente em usinas de dessalinização.

10.5 Métodos de tratamento baseados em processos oxidativos avançados

Os processos oxidativos avançados são apropriados para a promoção da decomposição oxidativa de compostos que não são removidos no tratamento convencional.

Os compostos aqui tratados são caracterizados por sua alta estabilidade química e baixa degradabilidade biológica.

A utilização do peroxido de hidrogênio (H_2O_2) e do ozônio (O_3) caracterizam os tipos principais de oxidação promovidas, ambos sujeitos a modificações.

O peróxido de hidrogênio, que quando é fornecido comercialmente em baixas concentrações, tem o nome de água oxigenada, pode ser associado ao ferro (o chamado reagente Fenton) e ainda à incidência de radiação ultravioleta para a promoção das oxidações desejadas.

O ozônio, além de também ser utilizado com a radiação ultravioleta (fotocatálise), pode ser aplicado em conjunto com o próprio peróxido de hidrogênio.

O óxido de titânio (TiO_2), aplicado ao oxigênio e fotocatalizado, também é uma alternativa para a oxidação catalítica. (ANDREOZZI et al, 1999)

Uma vez que os compostos de interesse sejam decompostos a partir de reações de oxirredução (sempre que um composto ganha elétrons, ele se oxida, enquanto outros compostos perdem, sendo reduzidos), os produtos formados são, em grande parte, radicais livres, ávidos por reações que não serão previsíveis em diversos casos.

A necessidade de retenção desses radicais livres deve ser estudada caso a caso, por exemplo, a partir da utilização de filtração com carvão ativado.

10.6 Parâmetros de controle operacional para o tratamento de água

Sob a perspectiva das necessidades operacionais, não é possível a verificação de todos os parâmetros com periodicidade horária, ou mesmo diária, porém o controle dos processos de tratamento e distribuição deve estar muito bem estabelecido.

Para possibilitar o controle operacional, indicadores de controle são administrados como uma representação dos parâmetros de interesse.

Esses indicadores somente terão confiabilidade considerável com o tempo, pois, para uma determinada água ainda desconhecida, algumas afirmações são muito arriscadas.

Observamos que a referida adoção de indicadores não desobriga o operador de sistemas de abastecimento, em hipótese alguma, da realização das análises relativas a todos os parâmetros previstos na legislação e da periodicidade mínima estipulada.

10.6.1 Turbidez

A turbidez, para efeito de controle operacional do tratamento de águas, é utilizada para avaliar a presença de material inorgânico insolúvel.

O que chamamos de turbidez é a medida de resistência à passagem de um feixe de luz polarizada, oferecida por uma amostra de líquido.

Entendemos que o material sólido, mesmo inorgânico ou inerte, pode abrigar formas de vida que podem oferecer risco e que possam estar eventualmente alojados dentro do material sólido, protegidas dos processos de desinfecção.

A remoção do material que confere turbidez às aguas é um indicativo do aumento da eficiência na remoção de microrganismos e na eficiência dos processos de desinfecção. Esse conjunto observado implica na garantia de segurança alimentar.

10.6.2 Cor

A cor real, quando utilizada como parâmetro de controle operacional no tratamento de águas, indica a presença de matéria orgânica. A cor real é verificada a partir da amostra coletada e a cor aparente, após a filtração da amostra.

Compostos inorgânicos, como o ferro e o manganês, em seus estados oxidados, também conferem cor às águas.

Uma condição operacional em que esse parâmetro pode ganhar uma dimensão determinante é, por exemplo, o ajuste de dosagem após a ocorrência de chuvas.

Os sistemas de tratamento de água costumam ser contínuos, não havendo margem para que sejam interrompidos em casos de alteração brusca da qualidade da água. Esses parâmetros de controle operacional auxiliam sobremaneira o operador a identificar alterações significativas que exigem ações prontas e efetivas.

10.6.3 Análise de metais

No tratamento de mananciais protegidos de efluentes de atividade industrial e de processos de eutrofização, a análise de metais fica limitada à ocorrência natural de ferro e manganês e associada ao uso efetivo de coagulantes metálicos à base de ferro e alumínio.

Os esgotos domésticos também podem ser responsáveis pelo aporte de cargas expressivas de ferro para os mananciais.

A forma de apresentação dos compostos metálicos (se associada ou não à matéria orgânica) e o estado de oxidação (o que interfere com a solubilidade) são parâmetros para a definição da forma de tratamento que o metal recebe nas estações.

Na ausência de condições favoráveis à formação de THM, substâncias com potencial carcinogênico formadas a partir da oxidação de compostos orgânicos, como os ácidos húmicos e fúlvicos, originados da decomposição de resíduos vegetais fazem com que o metal solúvel assuma sua forma sólida, facilitando a remoção nos processos de coagulação, floculação, decantação e filtração.

10.7 Poluentes emergentes

A cafeína e o princípio ativo de medicamentos do tipo anticoncepcional são exemplos de substâncias frequentemente encontradas nas águas em concentrações significativas, em diversos locais no mundo.

Um estudo realizado em Curitiba indica que a cafeína encontrada nas águas tem sua origem não apenas no café, mas também no consumo elevado de chimarrão, bebida consumida em toda região sul do Brasil (CERON, 2012).

Esses poluentes, além de outros que passaram a ser estudados recentemente, são denominados poluentes emergentes.

Tratam-se de compostos que não são removidos pelos sistemas de tratamento de esgotos ou pelos sistemas de tratamento de água convencionais e que tendem a se acumular no meio ambiente.

São diversas as origens dos poluentes emergentes, sendo que podemos citar algumas.

A alimentação moderna, composta por diversos componentes industrializados, é uma das fontes de poluentes emergentes.

Complementos alimentares, vitaminas e os chamados "nutracêuticos" (do inglês *nutraceuticals*), como uma alusão aos farmacêuticos, trazem, em sua composição, compostos concentrados, isolados e até mesmo modificados. O descarte inadequado de medicamentos em vasos sanitários, ou mesmo de outros resíduos sólidos, permite que o material alcance os recursos hídricos.

Os produtos cosméticos com a diversidade de suas composições, muitas vezes, não têm como critério na sua elaboração a degradabilidade e a tratabilidade.

A complexidade do que entendemos como poluentes emergentes significará anos de estudos, elaboração de técnicas de controle e de políticas públicas que permitam o estabelecimento de limites para essas substâncias e os consequentes controles e gerenciamento ambiental das suas concentrações.

Vamos recapitular?

Nesse capítulo, tratamos das formas de tratamento simplificada, convencional e avançada, as quais as águas destinadas a abastecimento público estão sujeitas.

Demos ênfase também às etapas que constituem o tratamento convencional.

Agora é com você!

1) Pesquise situações nas quais o tratamento avançado utilizando osmose reversa pode ser aplicado, bem como outras formas possíveis de tratamento avançado.
2) Descreva as etapas do tratamento convencional, esquematizando o seu funcionamento.
3) Fale sobre a importância da cloração e da fluoretação.
4) Avalie, no seu cotidiano, a utilização dos chamados poluentes emergentes.

11

Sistemas de Tratamento de Esgotos Domésticos

Para começar

Trataremos aqui, de forma objetiva e sob o ponto de vista da aplicabilidade, sobre os sistemas de tratamento de esgotos domésticos, seus tipos e sua conveniência de aplicação. A linguagem utilizada será bastante acessível, sem deixar de familiarizar você com o vocabulário técnico.

11.1 Tipos de tratamento com relação aos microrganismos

Em função dos tipos de organismos participantes dos tratamentos biológicos de esgotos domésticos, os tratamentos podem ser categorizados em aeróbios, anaeróbios e, na ausência de tratamento biológico, físico-químicos.

11.1.1 Tratamento aeróbio

O tratamento aeróbio é realizado por microrganismos facultativos heterotróficos, ou seja, o tratamento é realizado por microrganismos que trabalham melhor e preferencialmente em meio aeróbio (facultativos), incapazes de sintetizar seus próprios alimentos a partir de substâncias simples e a partir da fotossíntese ou da quimiossíntese (heterotróficos).

11.1.2 Tratamento anaeróbio

O tratamento anaeróbio é realizado por microrganismos anaeróbios autróficos, ou seja, capazes de gerar seus próprios alimentos a partir de substâncias simples.

É importante lembrar que o oxigênio livre exerce efeito tóxico sobre esse tipo de microrganismo.

11.1.3 Tratamento físico-químico

A precipitação de componentes em função do tratamento físico e químico de substâncias é uma prática realizada há muito tempo, com resultados conhecidos e satisfatórios.

A osmose reversa, como tratamento físico de efluentes, é uma técnica passível de aplicação e uma forma de utilização ainda inexplorada.

11.2 Tipos de tratamento com relação aos poluentes removidos

Considerando a compartimentação dos sistemas de tratamento de esgotos domésticos convencionais, podemos identificar os seguintes tipos preliminar, primário, secundário e terciário.

11.2.1 Tratamento preliminar

O tratamento preliminar tem como objetivo remover os materiais grosseiros e areia.

Esse tratamento envolve a adoção de gradeamento e caixa de areia, dispositivos que podem adotar algumas configurações consagradas.

A caixa de areia é dimensionada para que ela seja removida, em sua maioria, do conjunto de sólidos do efluente.

A sua remoção é importante para poupar as instalações de tratamento, evitando o assoreamento dos reatores e decantadores, além de danos provocados às bombas pela abrasão.

11.2.2 Tratamento primário

O tratamento primário consiste na remoção de sólidos sedimentáveis.

O processo tem como principal objetivo a redução do consumo de energia utilizada na aeração na fase do tratamento secundário.

11.2.3 Tratamento secundário

É intitulado como tratamento secundário a remoção de material orgânico por ação bacteriana.

As bactérias se agrupam formando flocos biológicos e se alimentam das impurezas presentes no esgoto, como gorduras e proteínas. Observe na Figura 11.1 como essa estrutura bacteriana é complexa.

Ao serem sedimentadas em um decantador secundário ou no fundo de uma lagoa de tratamento, as bactérias levam consigo as impurezas, permitindo a purificação da água.

Além da absorção das impurezas (matéria orgânicas) para a composição da própria constituição celular (anabolismo), a conversão de matéria orgânica em gases para obtenção de energia também é responsável pela redução da carga poluidora de um determinado esgoto em tratamento (catabolismo).

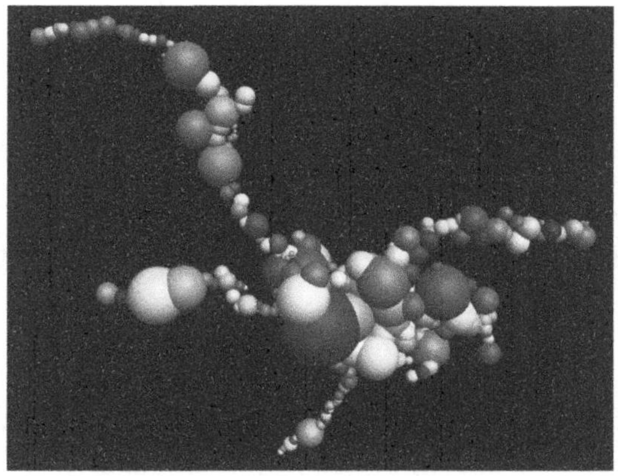

Figura 11.1 – A matéria orgânica complexa é decomposta biologicamente no tratamento secundário.

Representamos, a seguir, as principais reações observadas na decomposição da matéria orgânica em meio aeróbio, ilustradas de forma bastante simplificada:

Em meio anaeróbio, podemos representar, também de forma bastante simplificada, a decomposição da matéria orgânica, indicada a seguir:

A complexidade inerente à composição da matéria orgânica faz com que a sua decomposição permita a formação de um grande número de substâncias orgânicas e inorgânicas, que não foram representadas nas reações simplificadas anteriormente.

Observamos que, além do hidrogênio, nitrogênio e fósforo, outros compostos também podem estar presentes.

Fique de olho!

Mesmo quando o tratamento secundário é utilizado sem o módulo primário, é intitulado secundário.

Essa denominação está associada ao tipo do tratamento e não à ordem de posicionamento na instalação. O mesmo valerá para o tratamento terciário.

11.2.4 Tratamento terciário

O tratamento terciário está relacionado à remoção de nutrientes, geralmente o fósforo, utilizando-se de métodos físico-químicos, biológicos ou mistos.

A maioria dos sistemas aquáticos naturais tem o fósforo como nutriente limitante das atividades biológicas e, em virtude desse fato, sua remoção é adotada para o controle dos processos de eutrofização.

Quando é adotado o tratamento físico-químico, a precipitação do fósforo presente é promovida pela adoção de sais metálicos, geralmente compostos de ferro. Promove-se, com isso, a precipitação e a sedimentação do fósforo, além da redução consecutiva dos teores desse composto.

O processo biológico de remoção do fósforo consiste na submissão das bactérias participantes do tratamento biológico a um estresse anaeróbio.

A energia recebida pelas células a partir do alimento é armazenada em seu interior na forma de um composto chamado adenosina trifosfato (ATP).

O ATP reserva essa energia na ligação do fósforo com a molécula, como apresentado na Figura 11.2:

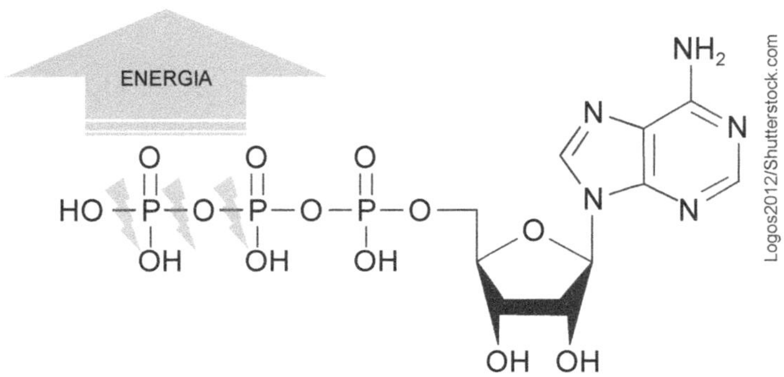

Figura 11.2 – O rompimento da molécula de adenosina trifosfato (ATP) permite a liberação de energia para as atividades celulares.

Em processos de tratamento aeróbios, quando submetemos as bactérias à ausência de oxigênio, elas passam a utilizar a energia armazenada na forma de ATP, convertendo-a em adenosina difosfato (ADP), após o primeiro rompimento de grupo de fosfato, e em adenosina monofosfato (AMP), aumentando a concentração de fósforo no efluente em tratamento:

$$ATP + O_2 \rightarrow ADP + P \rightarrow AMP + P$$

Quando é reestabelecida a concentração de oxigênio no meio, os microrganismos se previnem contra uma nova carência, armazenando mais fósforo na forma de ATP e fazendo com que a concentração de fósforo se reduza em relação à existente antes do estresse gerado pela falta de oxigênio. Ou seja, haverá, nessas condições, uma redução significativa da concentração de fósforo por meio de tratamento biológico. Nesse sentido, os microrganismos necessitam ser removidos do meio líquido para que o fósforo concentrado em sua composição seja removido. Os decantadores, geralmente, são as unidades responsáveis por essa remoção.

Deve-se considerar também que os métodos biológicos e químicos de remoção de fósforo podem ser utilizados em conjunto.

11.3 Tipos de tratamento com relação ao regime de tratamento

11.3.1 Tratamento contínuo

Havendo disponibilidade de espaço para tratamento de volumes expressivos, adota-se usualmente o tratamento contínuo.

11.3.1.1 Lagoas facultativas

O tratamento por meio de lagoas facultativas é feito a partir da potencialização dos processos de autodepuração natural, como se pode observar na Figura 11.3.

Após o tratamento preliminar, o esgoto é retido em um tanque que opera por meio de processos aeróbicos na superfície e processos anaeróbicos no fundo, onde ocorrem os processos de mineralização do lodo gerado e retido.

As concentrações de oxigênio na superfície são garantidas em decorrência do desenvolvimento de algas na camada fótica da lagoa (profundidade na qual a luz consegue penetrar); o oxigênio, nesse caso, é produzido a partir da atividade fotossintetizante.

O dispositivo de saída deve impedir a passagem das algas para a melhoria da qualidade do efluente.

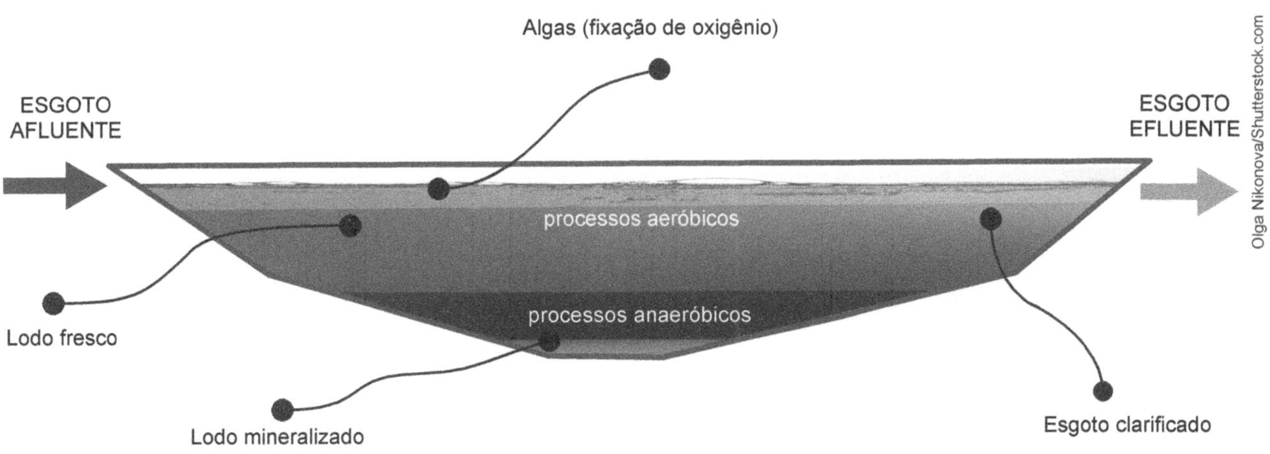

Figura 11.3 - Lagoa facultativa.

A limpeza dessas lagoas ocorre com a frequência prevista nos critérios de dimensionamento e das cargas afluentes.

Havendo disponibilidade de espaço, a remoção pode ocorrer em períodos previstos de até 20 anos. Também existe a possibilidade de drenagem permanente ou periódica dos lodos ou dragagens periódicas. Para isso, devem ser consideradas a escolha da melhor configuração das condições possíveis de disposição do lodo, o número de operadores, a localização da instalação, a incidência de insolação e clima, entre outros fatores.

A desidratação do lodo antes do transporte em leitos de secagem é uma prática comum que reduz os custos de transporte.

Esse tipo de tratamento não remove nutrientes de forma significativa, necessitando que sejam utilizadas outras formas de tratamento para atender aos parâmetros estabelecidos pela legislação.

11.3.1.2 Lagoas aeradas

As lagoas aeradas são parte de tratamentos secundários que contam com um suprimento artificial de oxigênio a partir da injeção de ar atmosférico (Figura 11.4).

Foto: arquivo

Figura 11.4 – Lagoas aeradas são soluções apropriadas para comunidades de pequeno e médio porte.

O aumento da disponibilidade de oxigênio permite o aumento das taxas reprodutivas de microrganismos aeróbios, os quais se alimentam principalmente da matéria orgânica presente no esgoto, utilizando o carbono para a manutenção das células existentes, construção de novas células e como fonte de energia.

Após o tratamento biológico do esgoto na lagoa aerada, os microrganismos são separados da fase líquida em decantadores secundários.

11.3.1.3 Lagoas anaeróbias

Na ausência de oxigênio, a matéria orgânica se decompõem biologicamente em decorrência da ação das bactérias anaeróbias, as quais são mais lentas que as bactérias aeróbias.

Na prática, a possibilidade de decomposição da matéria orgânica na falta de oxigênio implica em unidades de tratamento sem a obrigatoriedade de custos com aeração.

Essas lagoas não são utilizadas como única forma de tratamento, mas como forma de tratamento inicial. São lagoas profundas e estreitas, cujo volume é compatível com os tempos de detenção hidráulica necessários à ação lenta das bactérias anaeróbias.

11.3.1.4 Sistema australiano

O sistema australiano, além do tratamento preliminar para remoção de sólidos grosseiros, é composto por três lagoas (Figura 11.5).

Figura 11.5 – O sistema australiano configurado por três lagoas em série (UNICAMP).

A primeira lagoa é anaeróbia para propiciar uma redução substancial da carga orgânica e uma redução da turbidez, sem a utilização de equipamentos de aeração, reduzindo, assim, os custos operacionais com a aeração ou melhorando o funcionamento da lagoa facultativa.

A geração de odores é um problema não apenas desse tipo de instalação, mas também de outras formas de tratamento de esgoto.

A localização da estação, bem como o estabelecimento de barreiras verdes de árvores, pode auxiliar no processo de aceitação da instalação.

A clarificação prévia do esgoto na lagoa anaeróbia auxilia na formação de uma zona fótica, ou seja, na zona de penetração da luz necessária para que os organismos fotossintetizantes produzam oxigênio; o estágio seguinte de tratamento é composto por uma lagoa facultativa.

A lagoa facultativa, além de aprimorar a remoção de matéria orgânica, aumenta os teores de oxigênio de seu efluente, aproximando o esgoto tratado das exigências legais.

A última lagoa consiste em uma unidade rasa para polimento do esgoto em tratamento, onde a passagem da luz solar por toda a altura do efluente clarificado faz o papel de agente desinfetante.

As referidas unidades não apresentam, como possibilidade, a remoção significativa de nutrientes. A remoção físico-química de fósforo como pós-tratamento é adotada com frequência para possibilitar o atendimento de parâmetros legais da qualidade do efluente.

É possível também a remoção biológica de nitrogênio nos casos em que ele excede as concentrações previstas na legislação, sendo esse tipo de sistema um pouco mais complexo.

É necessário observar que esses sistemas são dependentes da radiação solar tanto para a ocorrência das atividades fotossintetizantes, como para a desinfecção do efluente.

Mesmo em localidades com grande incidência solar, não haverá radiação no período noturno.

11.3.1.5 Lodos ativados convencional

O sistema de lodos ativados convencional é destinado à remoção de carga orgânica com alta eficiência.

Após o tratamento preliminar, cujo material grosseiro é removido, a sedimentação simples é realizada em uma unidade denominada decantador primário.

O efluente do decantador primário é recebido em um reator pertencente ao tratamento secundário, identificado comumente como tanque de lodos ativados (Figura 11.6).

Kekyalyaynen/Shutterstock.com

Figura 11.6 – No tanque de lodos ativados, a produção de microrganismos é estimulada a partir da aeração artificial.

Os organismos, para manutenção de suas atividades vitais e de reprodução, consomem a matéria orgânica.

O carbono passa a fazer parte das novas células como material construtor, além de se converter em gás carbônico e água.

Os flocos biológicos gerados no tanque de lodos ativados sedimentam em uma unidade de decantação secundária, permitindo a saída do efluente líquido clarificado.

O lodo gerado, originado do material biológico sedimentado (lodo secundário), é drenado e tratado em conjunto com o lodo do decantador primário (lodo primário), ambos provenientes da fase líquida do processo de tratamento. Essa etapa é conhecida como tratamento da fase sólida, em contraposição ao restante do processo de tratamento, que é chamado de tratamento da fase líquida até a saída do esgoto tratado.

O lodo será adensado em adensadores à gravidade ou do tipo que opera por flotação por ar dissolvido (FAD).

Após a redução da umidade do lodo, o mesmo será digerido em reatores anaeróbios, onde haverá a mineralização do material orgânico e a produção de gás metano, entre outros compostos.

O lodo mineralizado será desidratado em filtros, prensas ou centrífugas e encaminhado para sua disposição final.

São algumas alternativas para a disposição final do lodo: aterros sanitários (solução que tende a ser minimizada em função da política nacional de resíduos sólidos), uso na agricultura e coprocessamento.

O coprocessamento é uma prática recente, na qual não apenas o lodo, mas também outros resíduos sólidos têm sua capacidade calorífica identificada; então, são misturados para gerar compostos de capacidade calorífica desejável, com valor comercial.

Misturas de coprocessamento são comercializadas hoje, por exemplo, para a alimentação de fornos de indústrias cimenteiras.

Quando são sensivelmente reduzidas as concentrações de matéria orgânica no reator de lodos ativados, o tratamento pode ser potencializado.

Na ausência de nutrientes, os microrganismos passam a se alimentar uns dos outros, sendo essa a chamada fase endógena.

A ocorrência da fase endógena aumenta a eficiência do tratamento em termos de remoção de matéria orgânica, aumenta o nível de mineralização do lodo gerado, que passa a ter seu volume reduzido, diminuindo a emissão de odores.

São duas as formas de promoção da fase endógena: a aeração prolongada e a recirculação de lodo.

Na aeração prolongada, o tempo de detenção hidráulica do esgoto no tanque é elevado em muitas vezes, de tal forma que sejam otimizadas a remoção de matéria orgânica e a mineralização do lodo. O lodo sedimentado no decantador secundário dispensa digestão posterior.

Ao utilizarmos a recirculação de lodo, o efluente líquido segue para seu ponto de disposição e o lodo retorna para o reator, aumentando em até 300% a concentração de microrganismos no tanque de lodos ativados, tornando-os ávidos por alimentos (fase endógena) e promovendo um aumento significativo na taxa de remoção de matéria orgânica, além de aumentar o grau de mineralização do lodo. A digestão do lodo ainda é necessária nesse caso.

11.3.1.6 Reator anaeróbio de fluxo ascendente

O reator anaeróbio de fluxo ascendente (RAFA) - conforme Figura 11.7 - também conhecido como *upflow anaerobic sludge bad reactor* (UASB), é considerado hoje uma unidade de tratamento para redução da carga orgânica por meio da decomposição anaeróbica do material orgânico que trabalha em conjunto com outras operações de tratamento, como lagoas facultativas ou aeradas.

Assim como as lagoas anaeróbias, o reator reduz significativamente a carga orgânica, embora, não atinja os parâmetros da legislação relativos ao lançamento de efluentes associados à carga orgânica, assim como as concentrações de oxigênio.

A principal vantagem apresentada pela constituição do RAFA, quando comparado às lagoas anaeróbias, é a sua maior efetividade.

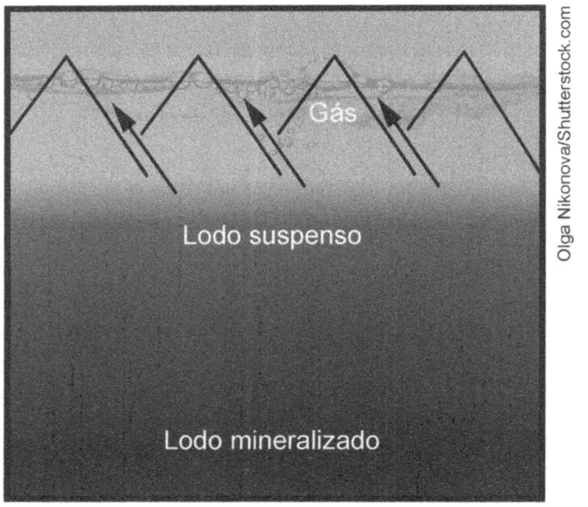

Figura 11.7 - No RAFA, as campânulas retêm os flocos e os gases, permitindo a saída do líquido com carga de matéria orgânica reduzida.

Cada floco biológico formado pode ser considerado uma estação de tratamento, pois abriga microrganismos especializados na decomposição completa da matéria orgânica.

A decomposição pode ser categorizada em linhas gerais, assim como a seguinte sucessão de decomposições:

matéria orgânica complexa → menor complexidade → ácidos orgânicos de maior complexidade → ácidos orgânicos de menor complexidade → ácido acético → metano

Devemos lembrar que, da mesma forma que a produção de oxigênio pelos organismos fotossintetizantes não elimina a respiração dessas células com a respectiva geração de gás carbônico, o mesmo ocorre na produção de metano. No RAFA, os gases e os flocos biológicos formados na decomposição são temporariamente mantidos no reator de tal forma que os flocos permanecem retidos e flutuantes, favorecendo o contato dos microrganismos com o esgoto a ser tratado e aumentando o desempenho do reator anaeróbio.

O fundo do reator é projetado para reter o lodo por períodos consideráveis para que o patamar de mineralização do material retido não exija outra unidade de tratamento, além da desidratação, como é mostrado na Figura 11.8.

Figura 11.8 – A desidratação do lodo de lagoas e do RAFA pode ocorrer em leitos de secagem.

Os ângulos da campânula são o critério de dimensionamento responsável pela retenção dos sólidos.

Internamente, o reator direciona o gás para um ponto de coleta e mantém os flocos até que eles sedimentem e sejam mineralizados no fundo, como indicado na Figura 11.8.

A saída do lodo ocorre propelida pela pressão hidráulica, fornecida pela coluna de esgoto dentro do reator, no ponto de descarga de fundo.

11.3.1.7 Biodisco

O tratamento de esgotos que faz uso de biodiscos pode ser utilizado tanto em tratamentos aeróbiocos (Figura 11.9), situação na qual fica parcialmente submerso no esgoto, como em tanques anaeróbicos.

Figura 11.9 – A utilização de biodiscos é uma alternativa versátil e adaptável ao atendimento de comunidade de diversos portes.

O objetivo de sua utilização é reter, em sua superfície, os microorganismos decompositores (reator de leito fixo), permitindo a passagem da fase líquida tratada e induzindo a fase endógena.

Existem também outros tipos de reatores de leito fixo. Eles podem ser utilizados desde as configurações mais rudimentares, nas quais os microrganismos se desenvolvem na superfície de rochas (filtros biológicos), até elementos hidrodinâmicos de alta performance.

O fato dos elementos estarem submersos ou não, ou o seu arranjo em série, também interfere no tipo de remoção promovida, como remoção de carbono (configuração submersa) e remoção de nitrogênio.

A eficiência dos filtros biológicos deve ser avaliada com cuidado, pois a intermitência em sua alimentação não favorece o bom funcionamento das unidades.

Tanques de regularização de vazão são aplicáveis nessas condições.

11.3.1.8 Tratamento com plantas

Os tratamentos com plantas, ou *wetlands*, são formas de redução de carga orgânica ou de nutrientes, utilizando-se macrófitas e microoganismos como agentes de remoção.

As *wetlands* podem ser aquáticas ou subsuperficiais (descendentes ou ascendentes).

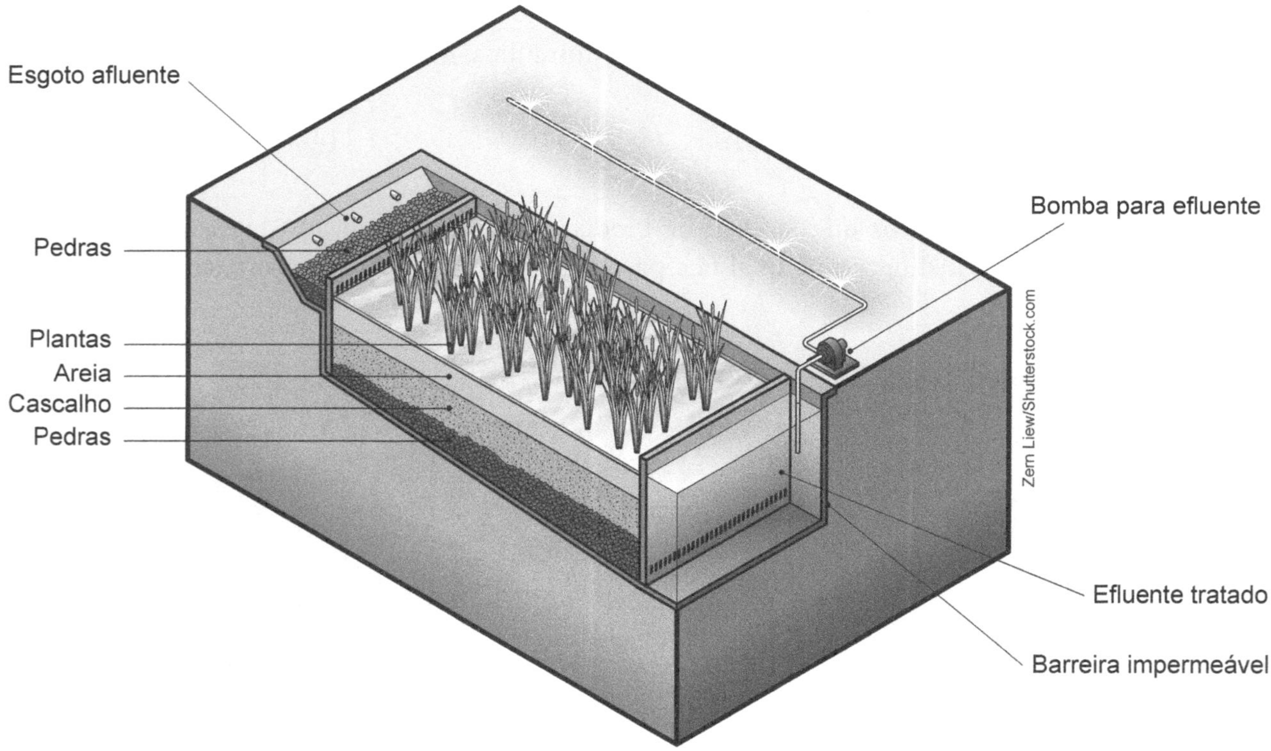

Figura 11.10 - As *wetlands* são utilizadas para o tratamento descentralizado de esgotos doméstico com maior frequência nos EUA e Europa.

Espécies como aguapés, taboas e o capim *brachiaria* podem ser utilizadas no tratamento de esgotos.

As *wetlands* são frequentemente dispostas em série, simulando a disposição das áreas úmidas na natureza, como podemos observar na Figura 11.11.

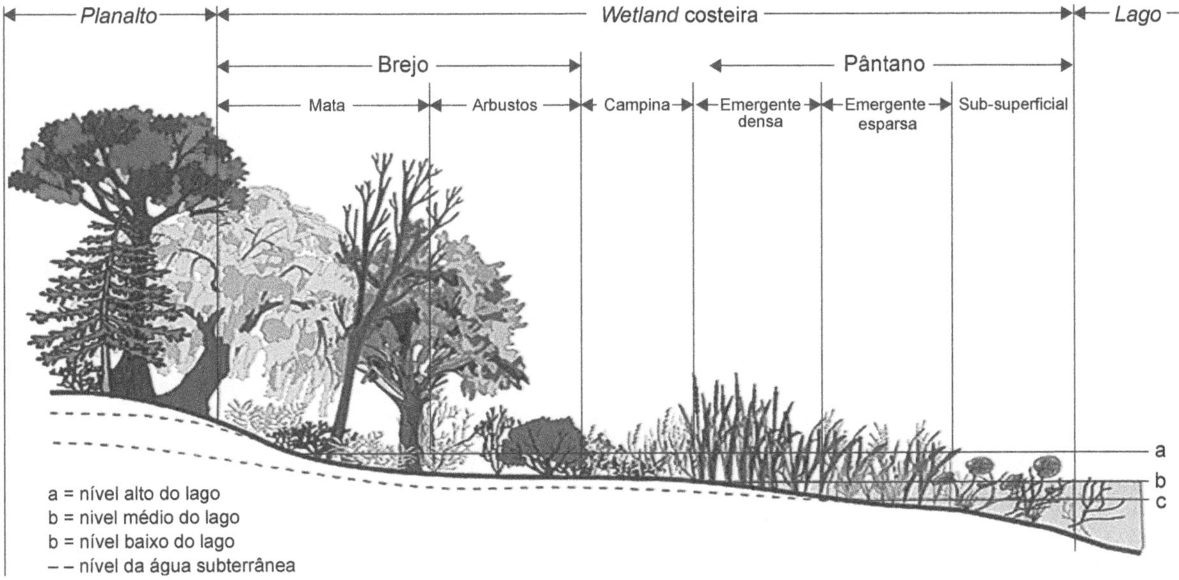

Figura 11.11 - Para possibilitar a otimização da performance, as *wetlands* artificiais devem ser utilizadas em configurações de série próximas às observadas na natureza (International Joint Comission - Lake Ontario).

As *wetlands* podem ser utilizadas em reservatórios e represas, como ilhas artificiais de plantas, para a promoção da melhoria da qualidade das águas, como um método de bioremediação.

11.4 Tratamento por batelada

Quando os volumes tratados e o dimensionamento da operação permitem, no lugar do tratamento contínuo, adota-se o tratamento de esgotos por batelada, geralmente associado ao processo de lodos ativados convencional. São utilizados entre dois ou três reatores, que funcionam alternadamente.

O processo é bastante apropriado para casos em que o volume gerado é pequeno, além de ser produzido de forma irregular.

É difícil realizar o controle operacional de processos de qualquer natureza quando as variações de fluxo são abruptas ou significativas.

Liunian/Shutterstock.com

Figura 11.12 - Os reatores por batelada são dispostos em conjuntos para que possam operar alternadamente.

Vamos recapitular?

Foram descritas, no capítulo, as características gerais dos processos de tratamento de esgotos domésticos.

Além disso, as substâncias removidas, a tipificação dos tratamentos e o regime de fluxo foram apresentados de forma a auxiliar no entendimento das principais finalidades e critérios de escolha.

Agora é com você!

1) Explique em que situações o tratamento por plantas (*wetlands*) é considerado aplicável.
2) Explique o funcionamento do sistema de tratamento de esgotos contínuo do tipo lodos ativados convencional.
3) Pesquise sobre a aplicação de reatores aeróbios de fluxo ascendente (RAFA).
4) Descreva as limitações relativas à utilização de lagoas facultativas como único dispositivo para tratamento de esgotos.

12

Sistemas de Coleta e Transporte de Esgotos

Para começar

Esse capítulo tratará sobre a trajetória das águas após a sua utilização nos domicílios, considerando seus tipos de transporte.

Os sistemas de esgotamento sanitário são necessários, pois impedem o contato direto com o material fecal, além de serem, muitas vezes, mais caros que os sistemas de distribuição de água, em virtude de suas características particulares. Esse entendimento é bastante antigo: já existia, inclusive, na era pré cristã.

12.1 Pequeno histórico

Sítios arqueológicos na Índia indicam a existência de sistemas de saneamento em Harappa, no Punjab, no período anterior a 3000 a.C. Esse sistema era composto por ruas alinhadas, pavimentadas e drenadas. Já no Egito, no período de 2000 a.C., observam-se experiências similares (UFCG). Os etruscos iniciaram a construção da *Cloaca Máxima*, finalizada pelos romanos. Essas instalações eram banheiros públicos, casas de banho e edifícios públicos e a obra data de 600 a.C., como pode ser visto na Figura 12.1 (Azevedo Neto, Botelho, & Garcia, 1983).

A saída dos banhos romanos, muitas vezes, era armazenada em lagoas que, segundo a imaginação de alguns, fariam o papel das lagoas de tratamento atuais.

A drenagem da *Cloaca Máxima* era realizada em canais abertos e fechados até o rio Tiber.

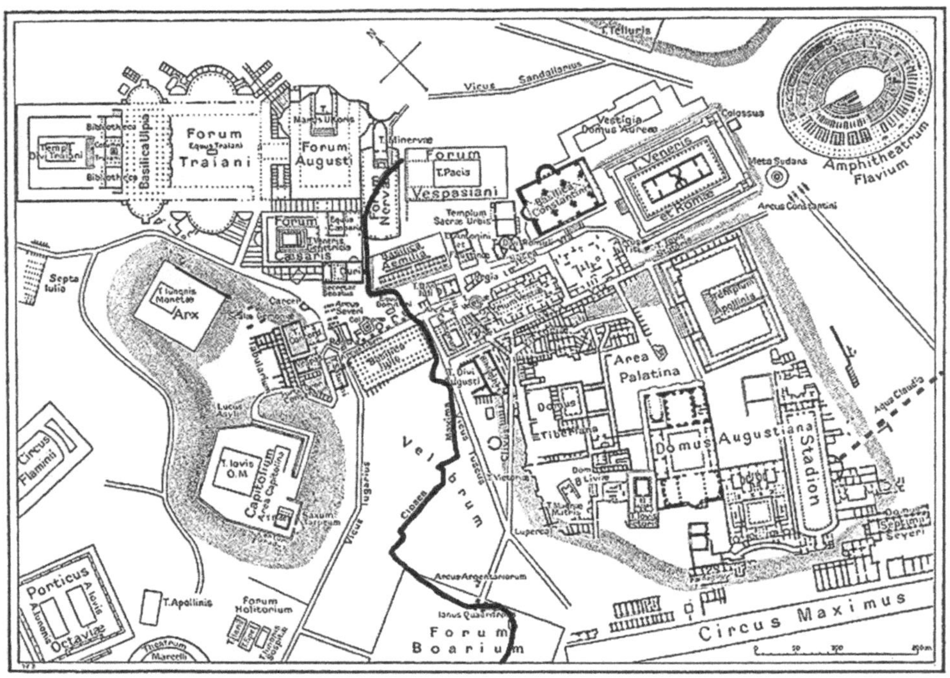

Autor desconhecido/Wikimedia Commons

Figura 12.1 - A linha contínua está apontando o trajeto da *Cloaca Máxima* (Wikédia).

Já no período da Idade Média, houve um rompimento com o desenvolvimento ocidental em diversas áreas, inclusive em relação ao saneamento.

O desenvolvimento foi retomado a partir do século XII, com obras de pavimentação e drenagem nas cidades de Paris, Nuremberg, Praga e Basiléia.

Os estudos de John Snow permitem a reurbanização de áreas urbanas na Inglaterra e inspiraram modificações pelo continente a partir do século XVIII.

Apesar do vaso sanitário com descarga hidráulica ter sido criado somente no século XVI, sua maior utilização ocorreu a partir do século XIX, levando à adoção do sistema unitário de esgotamento sanitário (águas pluviais em conjunto com esgoto) no lugar do foco estabelecido pela drenagem pluvial, como ocorria até então.

No final do século XIX, as cidades de Londres, Paris, Amsterdam, Hamburgo, Viena, Chicago, Buenos Aires e Rio de Janeiro passaram a ter sistemas de esgoto unitários.

O sistema instalado na cidade do Rio de Janeiro, por exemplo, foi barateado em função das possibilidades financeiras do governo na época (AZEVEDO NETO, BOTELHO, & GARCIA, 1983).

Em função da necessidade de oferta dos serviços e de contenção de custos, passaram a ser adotados os sistemas separadores parciais e separadores universais.

12.2 Os tipos de sistema

Os sistemas de esgotamento sanitário podem ser categorizados como: unitários, separadores parciais e separadores universais (AZEVEDO NETO, BOTELHO, & GARCIA, 1983).

Os sistemas unitários (Figura 12.2) são projetados para receber a totalidade dos esgotos e das águas pluviais de forma conjunta. São sistemas amplos e preparados para fluxos intermitentes.

A cidade de São Paulo ainda apresenta trechos remanescentes de esgoto unitário na área que foi um dia o município de Santo Amaro.

Na configuração utilizada por sistemas separadores universais, o esgoto é coletado por um sistema e as águas pluviais são coletadas por outro.

Figura 12.2 – Os sistemas de coleta de esgotos sanitários do tipo unitário foram utilizados em grandes centros urbanos no século XIX, inclusive na cidade do Rio de Janeiro.

Os sistemas separadores parciais são soluções de drenagem intermediária entre os sistemas separadores universais e os sistemas unitários.

Os sistemas unitários apresentam maior complexidade e menor flexibilidade operacional (ALÉM SOBRINHO & TSUTYIA, 2000).

12.2.1 Regime de esgotamento

Em função do elevado teor de sólidos presentes na composição do esgoto, não é desejável submetê-lo ao bombeamento com frequência.

Ao contrário, do transporte da água bruta ou da água tratada, o esgoto é preferencialmente conduzido em condutos livres (por gravidade) e não em condutos forçados (sob pressão).

A energia destinada à movimentação deve ser capaz de transportar tanto a fase líquida, como a fase sólida dos esgotos sanitários.

Caso apenas a fase líquida seja transportada, ocorrerá o assoreamento da rede.

Em regiões litorâneas, onde as redes estão muito próximas ao nível freático, o transporte de esgotos se torna oneroso e de difícil manutenção.

12.2.1.1 Estações elevatórias de esgoto

Para possibilitar o transporte de esgoto por grandes distâncias, instalações chamadas de "estações elevatórias", que, como o nome sugere, elevam verticalmente o esgoto em determinados pontos, para que ele seja conduzido por gravidade.

A elevação tem a finalidade não só de possibilitar o transporte por gravidade, mas também de permitir a transposição de obstáculos.

As elevatórias são basicamente poços de bombeamento de esgotos. Os poços podem ser do tipo seco ou úmido, ou seja, a bomba pode estar imersa no esgoto ou receber o esgoto de uma tubulação, em um poço seco.

12.3 Bacias de esgotamento sanitário

As bacias de esgotamento sanitário são unidades do sistema de transporte do esgoto com características similares à bacia hidrográfica.

Em um sistema que obedece a topografia da bacia hidrográfica, a bacia de esgotamento sanitário estará inserida na bacia hidrográfica.

As estações elevatórias de esgoto, ou mesmo tubulações, podem realizar a transposição do esgoto de uma bacia hidrográfica para outra.

Nos sistemas unitários, as águas pluviais, ou a bacia de drenagem urbana terão a mesma conformação que a bacia de esgotamento sanitário.

Nos sistemas separadores do tipo universal ou absoluto, a bacia de drenagem de águas pluviais terá uma conformação diversa da bacia de esgotamento sanitário.

A compatibilização entre a drenagem de esgotos e a drenagem de águas pluviais pode aumentar a eficiência de ambos os sistemas, além de minimizar riscos ou interferências indesejáveis quando pensamos na operação e manutenção de ambos os sistemas.

Portanto, a bacia de esgotamento sanitário se constitui em uma unidade de gerenciamento do transporte de esgotos domésticos.

12.3.1 Infiltração e perdas

Uma vez que os sistemas de transporte de esgotos não são completamente vedados, mas sim confeccionados por tubos encaixados com juntas de material sintético, consideramos, inclusive para efeito de dimensionamento, que existe uma contribuição que pode ser expressiva a partir da infiltração de água do solo nas tubulações de esgotamento sanitário.

Por outro lado, da quantidade de água fornecida para uma residência, devemos considerar uma perda proveniente de usos comuns, como rega de jardins, lavagem de quintais etc., além da perda para o sistema de águas pluviais e a perda por evaporação.

A identificação dos volumes drenados pode ser feita por meio dos volumes micromedidos, ou seja, dos volumes mensurados nos hidrômetros, a partir da aplicação dos fatores de perdas e dos fatores de infiltração.

A medição dos esgotos também é uma prática adotada, podendo ser aplicada paralelamente à micromedição para o estabelecimento dos fatores de infiltração e de perda.

Esses valores são dados importantes para possibilitar o gerenciamento da bacia de esgotamento sanitário de forma que anomalias possam ser identificadas e eliminadas.

Entendemos como anomalias as ligações clandestinas, o rompimento de tubulações, entre outros problemas, bastante comuns em áreas metropolitanas, onde o subsolo é objeto de interesse de empresas de saneamento, de comunicação (redes de fibra óptica), de companhias de telefonia e, em algumas áreas, de empresas de energia, com suas redes de gás e energia elétrica.

O mapeamento do subsolo ainda não é realizado com precisão suficiente para evitar acidentes.

Figura 12.3 – Os poços de visita (PV) são pontos de inspeção das redes de esgotamento, facilitando seu gerenciamento.

Em virtude dessa complexidade, o rompimento de redes pode ocorrer com maior frequência, sendo que, por se tratar da perfuração para a passagem de cabos e redes, muitas vezes, uma operação mecanizada impede o acompanhamento do operador, ou seja, do agente que iria identificar o dano na rede de esgotamento. Com a ausência de operadores na operação, muitas vezes, o dano não é reportado. Como alternativa para esse problema, há a possibilidade de filmagem das redes para a localização de pontos de danos e de obstruções. A existência de obstruções pode promover o refluxo de esgotos para as residências. Além disso, a conexão inadequada de águas pluviais às redes de esgotamento aumenta a probabilidade de ocorrência de refluxo.

Por isso, é importante informar, metódica e permanentemente aos usuários, a forma adequada de conexão ao sistema de esgotamento, promovendo maior segurança do sistema e dos usuários a elas conectadas.

Os poços de visita são pontos de acesso às redes, estruturados em caixas de concreto que se estendem até a localização dos dutos, como mostra a Figura 12.3.

12.3.2 Segurança operacional

Por se tratar de um ambiente confinado, existem normas regulamentadoras específicas para a orientação de trabalhos dessa natureza. A Norma Regulamentadora (NR) 36, do Ministério do Trabalho e Emprego, especifica requisitos procedimentais mínimos para a atuação dos operadores (BRASIL, 2006).

A decomposição do material orgânico gera gases que expulsam o oxigênio, impedindo a circulação desassistida de operadores pelos poços de visita. Os operadores antigos imaginavam que a existência de insetos, geralmente baratas, seria uma garantia da existência de concentrações de oxigênio adequadas. No entanto, foi descoberto que esses insetos são mais resistentes do que nós.

A possibilidade de descarte de efluentes clandestinos, com a consequente formação de gases tóxicos em concentrações que podem chegar a ser letais, é outro fator que leva os gerenciadores dos sistemas a reforçarem a segurança nas intervenções.

No caso do cianeto em presença de ácidos, forma-se o gás cianídrico, o mesmo gás utilizado nas câmaras de gás dos campos de concentração nazistas, da Segunda Guerra Mundial, para a exterminação de judeus.

O enxofre, parte da matéria orgânica, pode gerar gás sulfídrico, que em contato com a água na superfície da tubulação, transforma-se em ácido sulfúrico, o qual se concentra no topo das tubulações, corroendo-as e as fragilizando, gerando riscos mecânicos à permanência dos operadores no interior das redes.

Essas são atividades que os operadores não devem realizar sozinhos ou desassistidos; eles devem estar com a carteira de vacinações em dia, em especial com as vacinas do tipo antitetânica e antitifoide.

Os equipamentos de proteção individual (EPI) e os equipamentos de proteção coletiva (EPC) devem ser avaliados para cada tipo de intervenção e devem estar sob a instrução e supervisão, não apenas dos responsáveis sob o aspecto operacional, mas também dos técnicos e engenheiros de segurança do trabalho.

Entre os EPI necessários, mencionamos como exemplos: as botas de PVC, macacões com bota soldada, capacete, máscara para gases ácidos e máscaras autônomas, entre outros. Os sopradores de ar são exemplos de equipamentos de proteção coletiva, como ilustra a Figura 12.4.

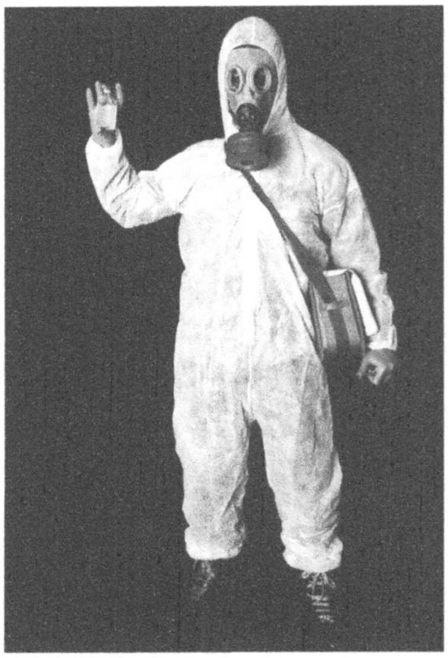

Marcel Jancovic/Shutterstock.com

Figura 12.4 – A segurança não pode ser negligenciada em instalações de esgotamento. O uso de EPI e EPC deve ser adotado apropriadamente.

Vamos recapitular?

Foram descritas, no capítulo, as características gerais dos sistemas de coleta e de transporte de esgotos sanitários.

Você viu também o histórico sobre os sistemas de drenagem e como ele foi introduzido para auxiliar no entendimento da tipificação desses sistemas.

A explicação sucinta sobre o conceito de bacia de esgotamento sanitário e a explanação sobre perdas e infiltração no transporte de esgotos também foram apresentadas nesse capítulo.

Agora é com você!

1) Pesquise sobre as termas romanas e explique como elas tratavam os efluentes.
2) Quais são os tipos de sistemas de drenagem de esgotos?
3) Descreva, resumidamente, o que são bacias de esgotamento sanitário.
4) Pesquise quais materiais são utilizados na drenagem de esgotos.

13

Sistemas de Adução, Reservação e Distribuição de Água

Para começar

O assunto abordado nesse capítulo será o sistema que sucede o tratamento de água e as necessidades de configuração do sistema de adução, reservação e distribuição desse recurso, considerando o atendimento à população, a segurança e a flexibilidade operacional.

13.1 Cálculo dos volumes

Os volumes totais a serem oferecidos devem ser calculados a partir de estudos populacionais.

O consumo é menor à noite, ocorrendo picos ao decorrer do dia devido a atividades cotidianas comuns às populações, como banhos, preparo de alimentos e lavagem de roupas. Outros elementos, como a estação do ano, o clima e a ocorrência de eventos também podem alterar a demanda por água de forma significativa.

Considerando a demanda variável no decorrer do dia, a necessidade de disponibilização leva à flexibilização do conjunto de captação de água bruta para tratamento e à capacidade de produção da estação de tratamento de água e dos elementos utilizados na modelagem do volume de reservação disponível na distribuição e na adução.

Vamos, primeiramente, estabelecer alguns conceitos para que você possa entender minimamente os elementos que compõem os sistemas de adução e distribuição.

Por adução entenderemos os sistemas responsáveis pelo transporte da água tratada sem que nesse trajeto a água seja distribuída (oferecida diretamente para o cliente), garantindo o aporte de volumes de forma previsível mesmo para regiões mais distantes. Nesses trajetos, podemos contar com reservatórios de adução.

A distribuição é a parte do processo relacionada à entrega dos volumes transportados ao consumidor.

As redes de adução costumam ter maior diâmetro que as de distribuição, entregando os volumes nos setores de abastecimento para que seja feita distribuição adequada.

Fique de olho!

O conceito de setor de abastecimento será definido no item 13.3

Os reservatórios de distribuição têm como função, não apenas oferecer os volumes demandados, mas também as pressões necessárias para a viabilização do transporte da água até a caixa d'água das residências e demais estabelecimentos abastecidos.

Os edifícios possuem reservatórios subterrâneos, de forma que os volumes recebidos e armazenados sejam bombeados para reservatórios superiores e distribuídos para as unidades prediais por gravidade.

13.1.1 Cálculo da demanda a partir do estudo populacional

É necessário o estabelecimento da demanda sob uma perspectiva temporal progressiva a partir da contabilização de habitantes e da elaboração da projeção populacional.

Os censos são uma forma de verificação quantitativa populacional e possuem como meta abranger todo o universo estudado. Os censos oficiais ocorrem com a periodicidade de 10 anos, sendo intercalados com contagem parciais para acompanhamento dos processos populacionais, que ocorrem a cada cinco anos.

No Brasil, a entidade que realiza o censo oficial e que é responsável pelas contagens é o Instituto Brasileiro de Geografia e Estatística (IBGE).

Os governos municipais, por sua vez, são responsáveis pelos planos diretores de uso e ocupação do solo, no qual ficam definidas as áreas caracterizadas como rurais ou urbanas, e pelos planos municipais de saneamento, em que as áreas a serem atendidas com serviços de abastecimento de água, esgotamento sanitário, drenagem de águas pluviais, coleta e disposição de resíduos sólidos são estabelecidas em perspectiva temporal; além disso, os municípios também são responsáveis pela definição dos quantitativos associados a esse atendimento.

13.1.2 Cenários

Os sistemas devem atender a população presente e a população futura, em um horizonte temporal definido.

Uma vez que o estabelecimento das condições futuras apresenta uma série de incertezas, são estabelecidos, com base em dados técnicos, cenários possíveis com soluções de atendimento a eles associadas.

Os cenários de planejamento devem contemplar as condições as quais alguns condicionantes específicos estão relacionados.

A esses cenários estão associadas possibilidades de crescimento demográfico, disponibilidade hídrica e de recursos, clima, natureza das atividades desenvolvidas na região, entre outras questões.

Planos específicos são associados a cada cenário condicional de forma a viabilizar o atendimento da população na ocorrência dos cenários considerados possíveis.

13.1.3 Estudos de viabilidade técnica e econômica

As alternativas escolhidas para atendimento de um determinado cenário, para que sejam validadas, devem ser submetidas a estudos de viabilidade técnica e econômica, de forma a garantir a exequibilidade dos planos.

13.2 Dispositivos

São diversos os dispositivos acessórios às redes de água. No entanto, vamos tratar aqui apenas dos que considerarmos de maior relevância para o entendimento do sistema de forma global.

13.2.1 Estações elevatórias de água

As estações elevatórias de água têm o objetivo de conferir maior energia potencial às águas, permitindo que ela possa ser transportada até as residências, além de transportá-las ao seu local de reservação.

Figura 13.1 – As estações elevatórias são constituídas por conjuntos moto-bombas dimensionados ao serem considerados os volumes a transportar e a altura a qual a água será elevada.

13.2.1 *Boosters*

Os *boosters* são instalações responsáveis pela aceleração da água para que a mesma alcance uma determinada altura. Diferentemente das estações elevatórias, eles não aumentam o volume transportado de água.

13.2.2 Válvulas redutoras de pressão

Para que a água chegue com pressão adequada no final do sistema, muitas vezes, são necessárias pressões muito elevadas no início da distribuição.

O excesso de pressão pode causar a vulnerabilização do sistema de distribuição, na medida em que ele reduz a vida útil de seus componentes, aumentando a incidência de rupturas e consequentes vazamentos.

As válvulas redutoras de pressão são agentes de gestão operacional das pressões do sistema, redistribuindo-as e aumentando a performance das redes e de seus elementos acessórios.

13.2.3 Reservatórios

Os reservatórios podem estar localizados na adução ou na distribuição.

Devemos entender que, para que a estação de tratamento possa ter sua operação facilitada, ou seja, para que a vazão não tenha grande variação, os reservatórios vão auxiliar na disponibilização imediata do fluxo quando demandados. Eles podem ser enterrados, semienterrados ou elevados, sendo que produzem carga a partir de sua localização para a chegada da água até as residências nos pontos mais altos e extremos do setor de abastecimento.

13.3 Setores de abastecimento

Os setores de abastecimento são unidades de gestão do sistema de distribuição de água.

A delimitação do setor pode ter a funcionalidade de controle da área abastecida a partir de um determinado ponto, bem como, caso o setor seja fechado, pode permitir a avaliação de perdas de volume no interior do mesmo.

Em setores fechados, há uma única entrada de água, sendo o valor do volume fornecido equivalente à soma do volume consumido e do volume perdido:

$$\text{Volume fornecido} = \text{Volume consumido} + \text{Volume perdido}$$

O gerenciamento do setor de abastecimento envolve a garantia de níveis de pressão adequados em todas as áreas, de maneira que todos os usuários sejam atendidos sem intermitências e que pressões excessivas não ocorram.

13.3.1 Controle e prevenção de perdas

Os volumes medidos para efeito de controle de perdas podem ser classificados como micromedidos e macromedidos.

Os volumes micromedidos são os observados nas residências, nos hidrômetros. Já os volumes macromedidos são observados nos sistemas de distribuição e adução. De maneira simples, a diferença entre o volume micromedido e o volume macromedido é a perda volumétrica de água do setor. Dizemos de maneira simples, pois está envolvida a precisão dos métodos de medição, além de outras interferências, como fraudes e furto de água. Para esse efeito, furtos como esses são considerados um tipo específico de perda. Em determinadas regiões, o furto de água provoca perda mais expressivas do que as observadas por vazamentos.

No Brasil, a micromedição é realizada mensalmente, enquanto em países com sistemas mais antigos ou menos complexos, a medição pode ser feita até uma vez por ano.

A macromedição é realizada por macromedidores instalados permanentemente nos pontos de controle ou por equipes de medição especializada, do tipo pitometria.

Vamos recapitular?

Foram descritas, no capítulo, as características gerais dos sistemas de adução e de distribuição de água tratada, além dos elementos básicos para o entendimento do controle de perdas a partir do acompanhamento de volumes dos setores de abastecimento.

Agora é com você!

1) Qual é a relação entre o crescimento populacional e a necessidade de oferta de infraestrutura de saneamento? Como podemos contabilizar a população para esse fim?

2) Qual é a importância da macromedição e da micromedição no controle de perdas?

3) O que são válvulas redutoras de pressão?

4) O que são setores de abastecimento e qual a sua importância?

14

Reúso

Para começar

Este capítulo tratará sobre a conceituação de reúso e as possibilidades práticas relativas à sua realização.

Essa conceituação é múltipla, como vamos observar no decorrer do capítulo. Ao final, você estará apto a transitar entre essas concepções livremente.

14.1 Origem da água no planeta

No universo, ao observarmos os ciclos que envolvem a formação e destruição de sistemas, encontramos um elevado nível de organização, de forma similar aos ciclos biogeoquímicos, estudados no Capítulo 8.

A sequência de imagens a seguir ilustra uma parte do ciclo estelar responsável pela formação do sistema solar, com enfoque na existência da água no planeta Terra.

Iniciaremos com a explosão de uma seminova. A dissipação de energia e matéria dão origem a uma nebulosa, como pode ser observado na Figura 14.1.

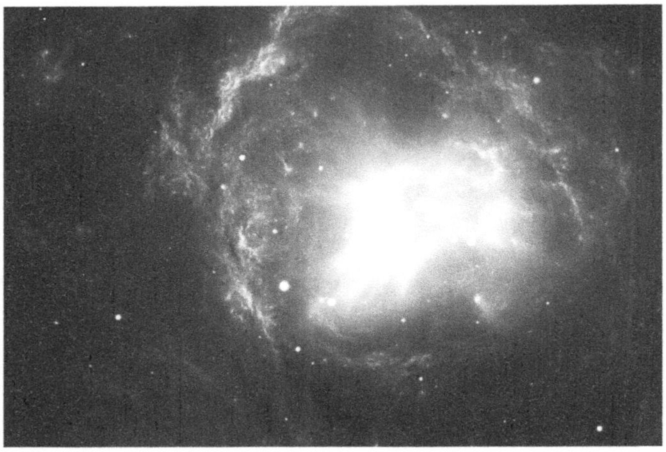

Figura 14.1 – Nebulosa criada a partir da explosão de uma supernova.

A nebulosa transita por estados sucessivos de organização.

Em um primeiro momento, inicia-se a formação em seu centro de uma protoestrela (sol jovem); o material e a energia orbitam a protoestrela, onde acontecem choques e aglutinação de matéria.

Fique de olho!

As diferentes cores observadas nas nebulosas são atribuídas à composição dos gases que as constituem.

Esta aglutinação propicia a formação dos platetesimais (planetas jovens). Ao final do processo, a protoestrela se transforma em um sol e os planetesimais se configuram em planetas, como mostra a Figura 14.2.

Figura 14.2 – A nebulosa passa a se organizar com a formação de uma protoestrela (jovem sol) no centro, até que se transforme em um sol rodeado por planetas (LAL, 2010).

Dessa forma, foi formado o sistema solar e outros sistemas.

A Terra, por sua vez, também passou por estados de organização diferenciados.

Os termos para esses diferentes níveis de organização são acreção e diferenciação (Figura 14.3).

Na acreção, o nível de energia está elevado e os compostos estão dispersos na massa formadora do planeta. À medida que o planeta se organiza, os compostos mais pesados se acomodam em seu centro. Em outra época, eram os denominados "metais pesados", mas essa denominação não é mais utilizada.

Os gases menos densos iniciam a formação de uma atmosfera, e na superfície que ainda não é rígida, se acomodam substâncias com densidade intermediária, como o sódio.

O ambiente imaginado deve ser tal que a crosta da Terra (hoje com 30 km) ainda está em formação.

Os vulcões são manifestações frequentes da acomodação da superfície, tornando a atmosfera em formação uma composição muito diferente da conhecida atualmente, tal como é visto na Figura 14.3.

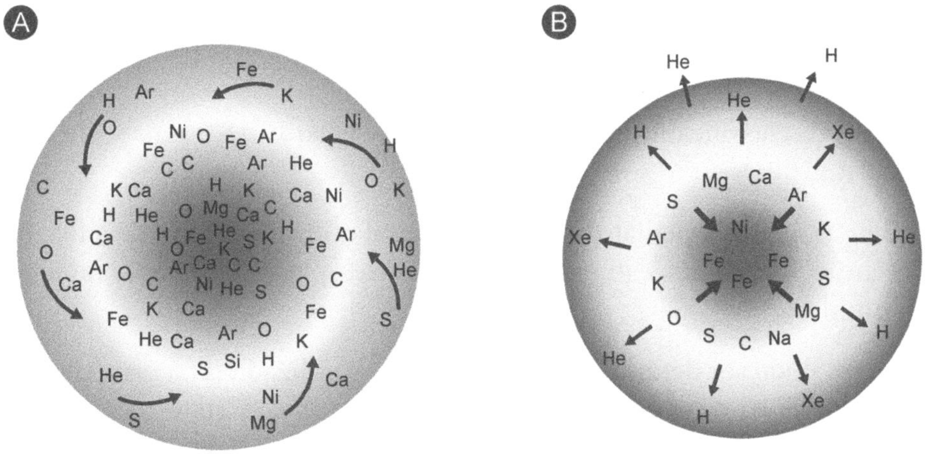

Figura 14.3 – A acreção (A) e a diferenciação (B) são momentos na formação do planeta que representam níveis de organização dos elementos constituintes.

Para alguns teóricos, esse é o momento em que se forma a água.

Em outra linha teórica, a água é transportada para a Terra em um período conhecido como grande precipitação meteórica, ilustrado na Figura 14.4.

Os meteoros possuem gelo em sua superfície, o qual é responsável pelo rastro deixado em sua passagem.

A superfície do planeta ainda está muito aquecida, o que impede a permanência de água no estado líquido em seu horizonte.

A água formada é liberada com os gases vulcânicos para a atmosfera e acaba se vaporizando ciclicamente antes de tocar a superfície. Essa circulação atmosférica durou aproximadamente 1.000 anos. Nesse período, as temperaturas giravam em torno de 300 °C.

Com o resfriamento da superfície e o endurecimento da crosta, a água passou a tocar o solo.

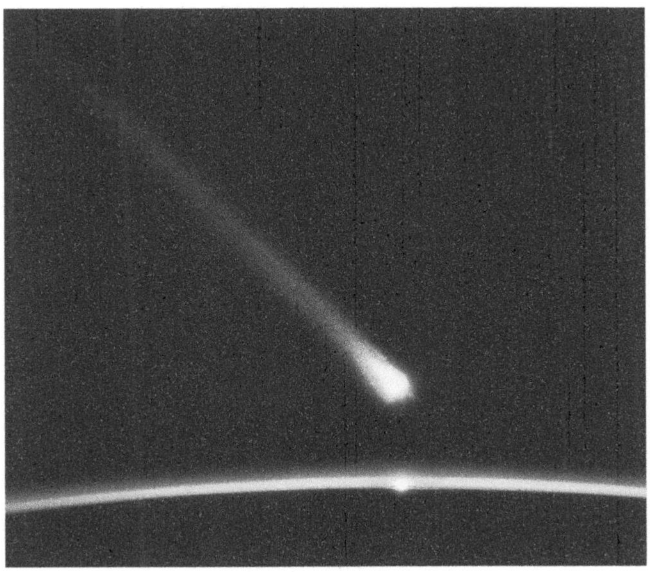

Figura 14.4 – A grande precipitação meteórica pode ter sido responsável pelo transporte de água para o Planeta Terra.

Os sais depositados na superfície sólida pela constante atividade vulcânica e pelos fenômenos de diferenciação são diluídos pelas chuvas, formando os conjuntos de água salgada comumente conhecidos como oceanos.

Devemos aprender a viver com a água disponível no planeta, considerando-a, como um recurso natural finito e vulnerável.

14.2 A necessidade de racionalização do uso da água

14.2.1 Tipos de reúso

O reúso pode ser classificado em três categorias: reúso direto, reúso indireto e reciclagem interna (PHILIPPI JR., 2003).

O reúso direto é o uso imediato após a primeira utilização, sem devolução a um recurso hídrico, com a intenção apenas da destinação final. Um exemplo é a utilização de reúso com a intenção de recarga de aquífero.

O reúso indireto pode ser definido como a água que é utilizada uma primeira vez, recebida por um corpo hídrico superficial ou subterrâneo, com a finalidade distinta do reúso direto e é captada novamente com os poluentes diluídos ou decompostos.

A reciclagem interna é a realizada internamente às instalações comerciais, industriais ou residenciais.

A perspectiva de ganhos financeiros na reciclagem interna é maior na medida em que a cobrança pelo uso da água e as taxas ou tarifas cobradas pelo tratamento do esgoto eventualmente gerado são contabilizados nas avaliações de custo benefício.

Vamos recapitular?

Foram caracterizados e conceituados os tipos de reúso da água.

Uma perspectiva da água como recurso finito foi estabelecida a partir da formação do sistema solar.

Agora é com você!

1) Quais são os tipos principais de reúso das águas?

2) Por que a água pode ser considerada um recurso finito?

3) Pesquise sobre locais de aplicação de reúso.

4) Discorra sobre a conceituação de água de reúso.

ALÉM SOBRINHO, P.; TSUTYIA, M. T. **Coleta e transporte de esgoto sanitário**. São Paulo: Departamento de Engenharia Hidráulica e Sanitária da Escola Politécnica da Universidade de São Paulo, 2000.

AMEAÇAS À ÁGUA. Disponível em: <http://www.rededasaguas.org.br/questao-agua/ameacas-a-agua>. Acesso em: 7 jul. 2014.

ANDREOZZI, R. et al. Advanced oxidation processes (AOP) for water purification and recovery. In: **Catalysis today**. Rio de Janeiro: Elsevier, 1999.

ASSOCIAÇÃO BRASILEIRA DE ÁGUAS SUBTERRÂNEAS (ABAS). **ONU quer transformar água em agente de paz para evitar conflitos no mundo**. Disponível em: <http://www.abas.org/abasinforma/136/paginas/08.htm>. Acesso em: 7 jul. 2014.

ASSOCIAÇÃO BRASILEIRA DE ENGENHARIA SANITÁRIA E AMBIENTAL (ABES). **Panorama de qualidade de águas superficiais (BR 2012)**. Disponível em: <http://www.abes-sp.org.br/noticias/19-noticias-abes/4203-falta-de-normas-tecnicas-para-reuso-de-agua-ainda-e-um-problema-no-pais>. Acesso em: 7 jul. 2014.

AZEVEDO NETO, J. M.; BOTELHO, M. H.; GARCIA, M. **A evolução dos sistemas de esgotos**. Rio de Janeiro: Engenharia Sanitária, 1983.

BANCO INTERAMERICANO DE DESARROLLO. **Buenas práticas para la creación, mejoramiento y operación sostenible de organismos y organizações de cuenca**. Disponível em: <http://idbdocs.iadb.org/wsdocs/getdocument.aspx?docnum=964968>. Acesso em: 7 jul. 2014.

BARROS, J. G. do C. **As águas subterrâneas ou as águas que brotam das pedras**. Ano 2. Número 6. Junho 2008. Disponível em: <http://revistadasaguas.pgr.mpf.mp.br/edicoes-da-revista/edicao-06/edicoes-da-revista/edicao-06/artigos/as-aguas-subterraneas-ou-as-aguas-que-brotam-das-pedras>. Acesso em: 7 jul. 2014.

BITAR, O. Y; ORTEGA, R. D. Gestão Ambiental. In: OLIVEIRA, A. M. S. & BRITO, S. N. A. (Ed.). **Geologia de engenharia**. São Paulo: Associação Brasileira de Geologia de Engenharia (ABGE). 1998, p. 499-508.

BRASIL. Agência Nacional de Águas (ANA). **A rede nacional** – avaliação da qualidade das águas. Disponível em: <http://pnqa.ana.gov.br/rede/rede_avaliacao.aspx>. Acesso em: 7 jul. 2014.

BRASIL. Agência Nacional de Águas (ANA). **Atlas Brasil** – abastecimento urbano de água: panorama nacional. Brasília: ANA: Engecorp/Cobrape, 2010.

BRASIL. Agência Nacional de Águas (ANA). **Conjuntura dos recursos hídricos no Brasil**. Disponível em: <http://arquivos.ana.gov.br/institucional/spr/conjuntura/webSite_relatorioConjuntura/projeto/index.html>. Acesso em: 7 jul. 2014.

BRASIL. Agência Nacional de Águas (ANA). **Cuidando das águas**: soluções para melhorar a qualidade dos recursos hídricos. Programa das Nações Unidas para o Meio Ambiente. Brasília: ANA, 2011.

BRASIL. Agência Nacional de Águas (ANA). **Enquadramento dos corpos d'água** – bases conceituais. Disponível em: <http://pnqa.ana.gov.br/Padres/enquadramento_basesconceituais.aspx>. Acesso em: 7 jul. 2014.

BRASIL. Agência Nacional de Águas (ANA). **Indicadores de qualidade** – índice do estado trófico. Disponível em: <http://pnqa.ana.gov.br/IndicadoresQA/IndiceET.aspx>. Acesso em: 7 jul. 2014.

BRASIL. Agência Nacional de Águas (ANA). **Padrões de qualidade** – rede de monitoramento. Disponível em: <http://pnqa.ana.gov.br/rede/rede_monitoramento.aspx>. Acesso em: 7 jul. 2014.

BRASIL. Agência Nacional de Águas (ANA). **Panorama do enquadramento dos corpos d´água do Brasil**. Panorama da qualidade das águas subterrâneas no Brasil. Disponível em: <http://pnqa.ana.gov.br/Publicao/PANORAMA%20DO%20ENQUADRAMENTO.pdf>. Acesso em: 7 jul. 2014.

BRASIL. Diário Oficial da União. **Resolução nº 001**. Brasília: Ed. C. N. CONAMA, 1986.

BRASIL. **Lei Federal nº 6.938** – Dispõe sobre a Política Nacional do Meio Ambiente, seus fins e mecanismos de formulação e aplicação, e dá outras providências. Brasília: Ed. C. C. Presidência da República, 1981.

BRASIL. Ministério de Minas e Energia; Secretaria de Geologia, Mineração e Transformação Mineral; Serviço Geológico do Brasil (CPRM). **Rede integrada de monitoramento das águas subterrâneas, relatório diagnóstico, aquífero alter do chão no estado do amazonas**. Disponível em: <http://www.cprm.gov.br/publique/media/VOLUME6_Aquifero_Alter_Ch%C3%A3o_AM.pdf>. Acesso em: 7 jul. 2014.

BRASIL. Ministério do Meio Ambiente (MMA). **Bacias hidrográficas**. Disponível em: <http://www.mma.gov.br/agua/bacias-hidrograficas>. Acesso em: 7 jul. 2014.

BRASIL. Ministério do Meio Ambiente (MMA). (2014). **Convenção das Nações Unidas de combate à desertificação e mitigação dos efeitos da seca**. Disponível em: <http://www.mma.gov.br/gestao-territorial/combate-a-desertificacao/convencao-da-onu>. Acesso em: 7 jul. 2014.

BRASIL. Ministério do Meio Ambiente (MMA). **Licenciamento ambiental**. Disponível em: <http://www.mma.gov.br/governanca-ambiental/portal-nacional-de-licenciamento-ambiental/licenciamento-ambiental>. Acesso em: 7 jul. 2014.

BRASIL. Ministério do Meio Ambiente (MMA). **Plano Nacional de Saneamento Básico**. Disponível em: <http://www.mma.gov.br/cidades-sustentaveis/residuos-solidos/instrumentos-da-politica-de-residuos/plano-nacional-de-saneamento-basico>. Acesso em: 7 jul. 2014.

BRASIL. Ministério do Meio Ambiente (MMA). **Programas do Governo**. Disponível em: <http://www.mma.gov.br/component/k2/item/8272-programas-mma>. Acesso em: 7 jul. 2014.

BRASIL. Ministério do Meio Ambiente (MMA) (2013). **PSA – Serviços Ambientais**. Pagamentos por Serviços Ambientais: Desafios para estimular demandas empresariais. Disponível em: <http://sectordialogues.org/sites/default/files/mmaa_-_publicacao_-_5_convocatoria_-_portugues.pdf>. Acesso em: 7 jul. 2014.

BRASIL. Ministério do Meio Ambiente (MMA). Secretaria de Recursos Hídricos. **Plano Nacional de Recursos Hídricos**. Síntese Executiva (Português) / Brasília: MMA, 2006.

BRASIL. Ministério do Meio Ambiente (MMA). (2009). **Síntese hidrogeológica do aquífero guarani.** Disponível em: <http://www.mma.gov.br/publicacoes/agua/category/42-recursos-hidricos>. Acesso em: 7 jul. 2014.

BRASIL. Ministério da Saúde. **Legislação Federal**. Disponível em: <http://www.aguabrasil.icict.fiocruz.br/index.php?pag=leg>. Acesso em: 7 jul. 2014.

BRASIL. Ministério da Saúde. **Manual de saneamento**. Brasília: Ed F. N. FUNASA, 2004.

BRASIL. Ministério da Saúde. **Portaria nº 635** de 26 de dezembro de 1975. Brasília,1975.

BRASIL. Portaria MTE nº 202, 22 de dezembro de 2006. **NR-33 Segurança e Saúde nos Trabalhos em Espaços Confinados**. Disponível em: <http://portal.mte.gov.br/data/files/8A7C816A39E4F614013A0CC54B5B4E31/NR-33%20(Atualizada%202012).pdf.>. Acesso em: 7 jul. 2014.

BRASIL. **Resolução CONAMA nº 357/2005**: Análise espacial temporal de não conformidades em rios e reservatórios do Estado de São Paulo de acordo com seus enquadramentos (2005-2009). Disponível em: <http://www.scielo.br/pdf/esa/v18n2/a08v18n2.pdf>. Acesso em: 7 jul. 2014.

BRASIL. **Resolução CONAMA 357**, de 17 de março de 2005. Conselho Nacional de Meio Ambiente. Disponível em: <www.mma.gov.br/port/conama/res/res05/res35705.pdf>. Acesso em: 7 jul. 2014.

BREGA FILHO, D.; MANCUSO, P. C. Conceito de Reúso de Água. In: PHILIPPI JR, A. (Coord); MANCUSO, P. C.; SANTOS, H. F. dos (Ed.). **Reúso de Água**. Barueri: Manole, 2003.

BURGUIERMAN, D. R. **Tem uma esponja aqui dentro**, v. 7, ano 13. Araraquara: Editora Abril, 1999.

CARVALHO, M. D. et al. **Manual de Cianobactérias Planctônicas: Legislação, Orientações para o Monitoramento e Aspectos Ambientais**. Companhia Ambiental do Estado de São Paulo (CETESB), 2013. Disponível em: <http://www.cetesb.sp.gov.br/userfiles/file/agua/aguas-superficiais/manual-cianobacterias-2013.pdf>. Acesso em: 7 jul. 2014.

CASTANHEIRO, Ivan Carneiro. Entraves Legais e ações Institucionais para o Saneamento de Comunidades Isoladas. In: **Seminário "Seminário Soluções Inovadoras de Tratamento de Reúso de Esgotos em Comunidades Isoladas - Aspectos Técnicos e Institucionais"**. ABES – 21/06/13 (UNICAMP). Disponível em: <http://www.abes-sp.org.br/arquivos/evento210613/18.pdf>. Acesso em: 7 jul. 2014.

CERON, L. P. Cafeína na Água. **Revista DAE**. Disponível em: <http://www.revistadae.com.br/novosite/noticias_interna.php?id=7296>. Acesso em: 7 jul. 2014.

CETESB. **Alterações físico-químicas**. Disponível em: <http://www.cetesb.sp.gov.br/mortandade/causas_materia.php>. Acesso em: 7 jul. 2014.

CETESB. **Guia nacional de coleta e preservação de amostras: água, sedimento, comunidades aquáticas e efluentes líquidos**. Companhia Ambiental do Estado de São Paulo: BRANDÃO, Carlos Jesus. et al. (Org.). São Paulo: CETESB; Brasília: ANA, 2011.

CETESB. **Histórico da legislação hídrica no Brasil**. Disponível em: <http://www.cetesb.sp.gov.br/agua/%C3%81guas-Superficiais/38-Historico-da-Legisla%C3%A7%C3%A3o-H%C3%ADdrica-no-Brasil>. Acesso em: 7 jul. 2014.

CETESB. **Qualidade das Águas Superficiais no Estado de São Paulo**. Disponível em: <http://www.cetesb.sp.gov.br/userfiles/file/agua/aguas-superficiais/relatorio-aguas-superficiais-2013-parte1.pdf>. Acesso em: 7 jul. 2014.

DAEE. Aquífero Botucatu. **DAEE Araraquara**. Disponível em: <http://www.daaeararaquara.com.br/guarani.htm>. Acesso em: 7 jul. 2014.

FUNASA. **Manual de fluoretação da água para consumo humano**. Brasília: Ministério da Saúde/Fundação Nacional da Saúde, 2012.

DOENÇAS. Disponível em: <http://www.aguabrasil.icict.fiocruz.br/index.php?pag=doe>. Acesso em: 7 jul. 2014.

FARIA, C. **Êxodo Rural**. Disponível em: <http://www.infoescola.com/geografia/exodo-rural>. Acesso em: 7 jul. 2014.

INSTITUTO BRASILEIRO DE GEOGRADIA E ESTATÍSTICA (IBGE). **Atlas Brasil 2011**. Disponível em: <http://www.ibge.gov.br/home/estatistica/populacao/atlas_saneamento/default_zip.shtm>. Acesso em: 7 jul. 2014.

INSTITUTO BRASILEIRO DE GEOGRADIA E ESTATÍSTICA (IBGE). **Saneamento e Meio Ambiente**. Disponível em: <http://www.ibge.gov.br/home/estatistica/populacao/atlas_saneamento/default_zip.sht>. Acesso em: 7 jul. 2014.

INSTITUTO BRASILEIRO DE GEOGRADIA E ESTATÍSTICA (IBGE). **Séries Históricas e Estatísticas**. Disponível em: <http://seriesestatisticas.ibge.gov.br/series.aspx?vcodigo=IU31&t=esperanca-vida-nascer >. Acesso em: 7 jul. 2014.

INSTITUTO BRASILEIRO DE GEOGRADIA E ESTATÍSTICA (IBGE). **Qualidade e eficiência dos serviços de saneamento**. Disponível em: <http://www.ibge.gov.br/home/estatistica/populacao/atlas_saneamento/default_zip.shtm>. Acesso em: 7 jul. 23014.

INSTITUTO DO MEIO AMBIENTE E RECURSOS HÍDRICOS (INEMA). Enquadramento dos corpos de água em classes, segundo seus usos preponderantes. Disponível em: <http://www.inema.ba.gov.br/enquadramento>. Acesso em: 7 jul. 2014.

INTERNATIONAL JOINT COMISSION – Lake Ontario. **Wetlands need variable levels**. Disponível em: <http://www.ijc.org/loslr/en/background/w_wetlans.php >. Acesso em: 7 jul. 2014.

LAL, S. **The Universe**. Disponível em: <http://www.mentorials.com/high-school-geography-universe-the-solar-system.htm>. Acesso em: 7 jul. 2014.

LAMPARELLI, M. C. **Grau de trofia em corpos d'água do estado de São Paulo: avaliação dos métodos de monitoramento.** 2004. 235 f. Tese (Doutorado) – Departamento de Escologia, Universidade de São Paulo, São Paulo. 2004.

MATTA, M. A. Aquífero Alter do Chão: A maior reserva de água subterrânea do mundo e sua importância estratégica para a Amazônia e para o mundo. In: **XIII Seminário Nacional de Gestão e Uso da Água; IV Reunião de Estudos Ambientais; II Encontro Nacional de Engenharia Hídrica**. Pelotas: Universidade Federal de Pelotas. Disponível em: <http://wp.ufpel.edu.br/rhima/files/2010/07/Milton-Matta.pdf >. Acesso em: 7 jul. 2014.

MCGRATH, M. **África tem reservas subterrâneas gigantes de água, dizem cientistas.** BBC LONDRES. Disponível em: <http://www.bbc.co.uk/portuguese/noticias/2012/04/120420_africa_agua_is.shtml>. Acesso em: 7 jul. 2014.

MONTESQUIEU, C. **O espírito das leis**. São Paulo: Martins Fontes, 2000.

OLIVEIRA, G. Sem água, sem vida. *Revista Meio Ambiente*. Disponível em: <http://www.sfiec.org.br/portalv2/sites/revista/home.php?st=interna4&conteudo_id=33688&start_date=2009-12-29>. Acesso em: 7 jul. 2014.

PARÂMETROS DE QUALIDADE DAS ÁGUAS. Disponível em: <http://www.oocities.org/wwweibull/Param.htm>. Acesso em: 7 jul. 2014.

PHILIPPI JR, A. (Coord.); MANCUSO, P. C.; SANTOS, H. F. dos (Ed.). **Reúso de Água**. Barueri: Manole, 2003.

QUALIDADE DA ÁGUA: o impacto da eutrofização. Disponível em: <http://www.blogdocancado.com/wp-content/uploads/2011/02/eutrofizacao1.pdf>. Acesso em: 7 jul. 2014.

RIJSBERMAN, Frank R. **Water Scarcity**: Fact or Fiction? Disponível em: <http://www.cropscience.org.au/icsc2004/plenary/1/1994_rijsbermanf.htm>. Acesso em: 7 jul. 2014.

SÃO PAULO (Estado). **Decreto Estadual nº 8.468** - Aprova o Regulamento da Lei nº 997, de 31 de maio de 1976, que dispõe sobre a prevenção e o controle da poluição do meio ambiente. (Ed.) São Paulo: Ed. A. L. Pailo, 1976.

SOARES, M. **Fluídos 03-20**: Medidores comuns de vazão. Disponível em: <http://www.mspc.eng.br/fldetc/fluid_0320.shtml>. Acesso em: 7 jul. 2014.

TUDISI, J. G. **Qualidade da água para o ecossistema e o bem-estar humano**. São Paulo, 2008.

UNESCO. **A alta demanda e a mudança climática ameaçam os recursos hídricos em âmbito mundial**. Disponível em: <http://www.unesco.org/new/pt/brasilia/about-this-office/single-view/news/increasing_demand_and_climate_change_threatening_world_water>. Acesso em: 7 jul. 2014.

UNIVERSIDADE FEDERAL DE CAMPINA GRANDE (UFCG). **História - Evolução dos sistemas de saneamento**. Disponível em: <http://www.dec.ufcg.edu.br/saneamento/Historia.html>. Acesso em: 7 jul. 2014.

UNIVERSIDADE ESTADUAL DE CAMPINAS (UNICAMP). **Módulo - Saneamento Ambiental**. In: Biblioteca Digital de Tecnologias Ambientais. Disponível em: <http://www.fec.unicamp.br/~bdta/esgoto/lagpaulistano2.html>. Acesso em: 7 jul. 2014.

USO E CONTROLE DOS RECURSOS HÍDRICOS. Disponível em <http://www.sigrh.sp.gov.br/sigrh/basecon/perh90/Perh9010c.htm>. Acesso em: 7 jul. 2014.

WATER QUALITY FOR ECOSYSTEM AND HUMAN HEALTH. Disponível em: <http://www.jorgeamaro.com.br/impactos.htm>. Acesso em: 7 jul. 2014.

VON SPERLING, M. **Análise dos padrões brasileiros de qualidade de corpos d'água e de lançamento de efluentes líquidos**. Universidade Federal de Minas Gerais: Departamento de Engenharia Sanitária e Ambiental. Disponível em: <https://www.abrh.org.br/sgcv3/UserFiles/Sumarios/6bb3f0746b92b65d125882280891344f_bf840c459a230f90e66ddd3335b96214.pdf>. Acesso em: 7 jul. 2014.

VON SPERLING, M. **Introdução à qualidade das águas e ao tratamento de esgotos**. 3. ed. Belo Horizonte: Departamento de Engenharia Sanitária e Ambiental; Universidade Federal de Minas Gerais, 2005.